Der Rhythmus bringt Schwung ins Pferd

Silke Griebel

Silke Griebel

Der Rhythmus bringt Schwung ins Pferd

NeuroStim® **und Aktivieren-Regulieren-Harmonisieren**

Shaker Media

Bibliografische Information der Deutschen Nationalbibliothek
Die Deutsche Nationalbibliothek verzeichnet diese Publikation in der Deutschen Nationalbibliografie; detaillierte bibliografische Daten sind im Internet über http://dnb.d-nb.de abrufbar.

Alle Abbildungen sind Eigentum der Autorin

Printed in Germany.

ISBN 978-3-95631-682-1

Shaker Media GmbH • Postfach 101818 • 52018 Aachen
Telefon: 02407 / 95964 - 0 • Telefax: 02407 / 95964 - 9
Internet: www.shaker-media.de • E-Mail: info@shaker-media.de

Vorwort

Als mir Silke Griebel von ihrer Idee erzählte, ein Buch über die NeuroStim®-Methode in der Tierheilpraxis zu schreiben, fand sie sofort meine Zustimmung. Gerne hatte ich bis dato schon einige Fachartikel von ihr in meinen Gesundheits-Magazinen „Paracelsus“ und „Mein Tierheilpraktiker“ veröffentlicht und wusste, dass die Griebel eine wirklich Gute ist. Ihre Erfolge mit der NeuroStim®-Therapie waren mir bekannt, auch ihr exzellenter Ruf als Dozentin der Paracelsus Heilpraktikerschulen. Ich stellte den Kontakt zwischen Frau Griebel und dem Shaker Media Verlag her, mit dem ich seit über 10 Jahren erfolgreich zusammenarbeite. „Wenn das wirklich klappt mit dem Projekt, würde ich mich sehr darüber freuen, wenn Sie das Vorwort schreiben“, sagte sie noch zu mir, woraufhin ich ihr selbstverständlich meine Zusage gab. Jetzt ist es so weit: Silke Griebel hat Wort gehalten und ihr gesamtes Wissen rund um die NeuroStim®-Methode in der Tierheilpraxis zu Buche gebracht. Und auch ich halte Wort und starte ihr Buch mit ein paar persönlichen Zeilen. Das Werk ist ein „must have“ für alle Tiertherapeuten, die sich für ganzheitliche Regulationstherapien bei Pferd und Kleintieren interessieren.

Als ich Silke Griebel fragte, was sie an der NeuroStim®-Methode so begeistert, antwortete sie Folgendes:

> *„Diese Therapie ist für mich Grundlage jedes Heilungsprozesses durch Regeneration und Optimierung des Zellmilieus hin zu einer ganzheitlichen Regulation. Aufgrund der zahlreichen Behandlungserfolge ist der Einsatz der NeuroStim®-Therapie aus meiner täglichen Praxis nicht mehr wegzudenken.“*

Überzeugend.

Wer nun also mehr über die NeuroStim®-Therapie für Tiere erfahren möchte, ist hier genau richtig: Im Buch erklärt Silke Griebel, wie sie auf NeuroStim® aufmerksam wurde und wie sie daraus ihre eigene AktivReHa-Methode entwickelte. Zellbiologisches Hintergrundwissen und die Wirkungsweise der NeuroStim® Anwendung werden detailliert erklärt. Von den ersten Schritten bis zum Behandlungserfolg erhalten Sie einen professionellen Leitfaden mit vielen Praxisbeispielen zu Arthrose, Hufrehe, Mauke, myofaszialen Beschwerden, Sommerekzem, Verhaltensproblemen u.v.m. Hierbei spielen Diagnosestellung, Untersuchungsplan und Darstellung der festgestellten Störungen eine wichtige Rolle.

Last but not least: Aktivieren – Regulieren – Harmonisieren. Diese drei Worte beschreiben am besten Silke Griebels eigene AktivReHa-Methode, die sie Ihnen im Detail vorstellt.

Das Buch mag nicht das dickste sein, aber das muss es auch nicht, denn Qualität kommt immer vor Quantität. Kompakt, präzise und informativ ist das Wissen, das die Tierheilpraktikerin Silke Griebel Ihnen in diesem Werk mit auf den Weg gibt. Zahlreiche Farbfotos lassen Sie auch bildlich tief in diese effektiven Tierheilkundemaßnahmen eintauchen. Eine Leseempfehlung für Tierheilpraktiker und alle Tiertherapeuten, die mehr erfahren wollen über die Erfolge der NeuroStim®-Therapie für Tiere und was hinter Silke Griebels eigener AktivReHa-Methode steckt.

Abbas Schirmohammadi

Inhaltsverzeichnis

Kapitel 1: Wie ich zur NeuroStim®-Therapie kam und meine AktivReHa-Methode entstand

Während meiner Ausbildung zum Tierheilpraktiker erlernte ich die verschiedensten naturheilkundlichen Möglichkeiten, die zur ganzheitlichen Regulation des Organismus bei Erkrankungen der Pferde und Kleintiere beitragen können. Mit der Akupunktur, Homöopathie, der manuellen Therapie und auch mit der Kräuterheilkunde konnte ich vielen Tieren zur Genesung verhelfen und auch bei eigenen Beschwerden den gewünschten Erfolg erzielen. Doch bei dem Bandscheibenproblem meines Mannes wollte nichts so recht anschlagen, was ich zur Unterstützung der ärztlichen und physiotherapeutischen Verordnungen anwandte. Zusammen mit unserem Hausarzt suchten wir nun nach Alternativen, damit eine Operation vermieden werden konnte. Dabei wurden wir auf eine Behandlungsmethode aufmerksam, die mechanische Vibration und fein auf den Körper abgestimmte Frequenzen einsetzt, die bei der vorliegenden Problematik und bei zahlreichen anderen Erkrankungen auch - nicht nur symptombezogen, sondern bis in den „Lebensraum" der Zellen (extrazelluläre Matrix) - regulierend wirken kann. Wir besuchten ein Anwenderseminar und ließen uns in Theorie und Praxis schulen. Überzeugt von der Wirkweise, recherchierten wir nach einem passenden Gerät und ich kaufte den NeuroStim® M 21. Damit behandelte ich meinen Mann in Abständen von zwei Tagen mit der vom Hersteller (Fa. Overo) empfohlenen Frequenz und dem entsprechenden Programm. Nach jeder Anwendung konnte mein Mann eine deutliche Verbesserung feststellen und nach zehn Behandlungen waren die Schmerzen verschwunden und die Beweglichkeit wiederhergestellt.

Angespornt von diesem Erfolg setzte ich das NeuroStim®-Gerät auch in meiner Tierheilpraxis ein. So konnte ich z.B. bei Sehnenverletzungen, schlecht heilenden Wunden, chronischen Atemwegserkrankungen, Muskelverspannungen, Huferkrankungen, Haut- oder auch Stoffwechselproblemen, zur Unterstützung der Gewichtsreduzierung, zur OP-Nachsorge u.v.a.m. feststellen, dass durch die NeuroStim®-Anwendung meine bisherigen Therapien intensiver und nachhaltiger wirkten und die Regenerationsphase erheblich verkürzt werden konnte. Auch chronische Prozesse konnten über einen langen Zeitraum stabil gehalten, anhaltende Schmerzzustände reduziert und eine deutliche Verbesserung des Allgemeinzustandes erreicht werden.

Nach einer NeuroStim®-Anwendung zur Verbesserung des Lymphflusses fiel mir auf, dass dadurch die nachfolgenden Behandlungen einen verbesserten Erfolg erzielten und dass die Behandlung an der Bauchmuskulatur und direkt auf der Linea Alba (Bindegewebsnaht in der Mitte des Bauches) nervöse Pferde sofort entspannte und bestehende Verhaltensprobleme sich harmonisierten. Aus diesen Erkenntnissen und den positiven Rückmeldungen der Pferdebesitzer entwickelte ich meine eigene Arbeitstechnik, die ich als **AktivReHa-Methode** bezeichne. Zu Beginn jeder Therapie rege ich zuerst das Lymphgefäßsystem durch das **Aktivieren** am Venenwinkel an, unterstütze dieses beim Abtransport von Ablagerungen aus dem Zellgewebe mit dem **Regulieren** und ermögliche mit dem **Harmonisieren**, der Arbeit an der Bauchdecke, Ungleichgewichte zwischen Körper und Geist auszubalancieren. Dies stärkt auch die „Mitte“ des Organismus, die laut der chinesischen Medizin den Dreh- und Angelpunkt der Gesundheit darstellt.

Mit dieser Vorgehensweise konnte ich schon vielen Tierpatienten bei Einschränkungen des Bewegungsapparates, bei den verschiedensten Erkrankungen und auch bei Verhaltensproblemen zur Regeneration verhelfen und dadurch zur physischen Losgelassenheit und psychischen Gelassenheit des Pferdes beitragen.

Abbildung 1 Ruhe und Gelassenheit

Vom positiven Ergebnis meiner Methode konnten sich bereits viele Tierbesitzer und auch die Teilnehmer meiner Anwenderseminare überzeugen und ich durfte darüber und über einige meiner Fallbeispiele schon in verschiedenen, naturheilkundlichen Magazinen berichten.[1] So entstand der Wunsch, ein Nachschlagewerk zu veröffentlichen, das jedem die Möglichkeit bietet, meine Arbeitsweise als Unterstützung seiner Therapien einzusetzen. Das Buch ist so strukturiert, dass Sie meine AktivReHa-Methode und auch die beschriebenen Behandlungsabläufe Ihren persönlichen Anliegen entsprechend nutzen können. Sie sind aber gerne dazu eingeladen, das Buch von Beginn an zu lesen. Falls Sie bereits eigene Erfahrungen mit dem NeuroStim® gewonnen haben, können Sie auch direkt mit dem für Sie relevanten Kapitel arbeiten.

1 Griebel, Silke: NeuroStim® in der Pferdeheilpraxis! in: Gesundes Tier 2011/1, und in: Die Große Welt der Tierheilkunde 2012/5, Auswirkungen von Emotionen, in: Mein Tierheilpraktiker 2014/01, Mit dem Wissen wächst der Zweifel, in: Mein Tierheilpraktiker 2014/05, Neuromuskuläre Stimulation, Ganzheitliche Regulation von Verletzungen Schmerzzuständen und Stoffwechselstörungen, in: CoMed 2016/5, Let it Flow, in: Paracelsusmagazin 2017/1

In den ersten drei Kapiteln möchte ich Ihnen mehr über die Entstehung, Wirkweise und Indikationen des NeuroStim®-Gerätes berichten und Ihnen darstellen, wie mit der richtigen Anwendung die Tiefenwirkung bis in den Lebensraum der Zellen erreicht werden kann. Hier erfahren Sie auch, welche Hinweise Störungen des Organismus anzeigen und nach welchem Schema Sie bei der Untersuchung vorgehen können. Die darin enthaltenen Tabellen geben einen Überblick über Programme und Frequenzen der jeweiligen Einsatzmöglichkeiten.

Sind Sie bereits NeuroStim®-Anwender*In und möchten nur meine AktivReHa-Methode als Ergänzung Ihrer Behandlungen nutzen, blättern Sie direkt zu Kapitel 5. Hier beschreibe ich die Hintergründe und die Abläufe meiner Methode.

Abschließend stelle ich Ihnen in Kapitel 6 einige Beispiele aus meiner Praxis vor, bei denen die NeuroStim®-Anwendung zum wesentlichen Erfolg, zur ganzheitlichen Regulation und zur Gesunderhaltung beigetragen hat. Hier können Sie auch nachlesen, wie ich die Behandlung z.B. zum effektiven Muskelaufbau, bei Erkrankungen, im Fellwechsel und der Gewichtsreduzierung nutze. Jeder Behandlungsvorschlag ist detailliert beschrieben, bildlich dargestellt und mit unterstützenden Punkten versehen, die ich als Regulationspunkte bezeichne und die in ihrer Lage und Funktion auch Akupunkturpunkten und Stresspunkten entsprechen können. Bei der Manipulation dieser Punkte richte ich mich immer nach der Reaktion des zu behandelnden Tieres, verwende Frequenz 10 Hz in der Nähe von knöchernen Strukturen und Frequenz 16-18 Hz im Muskelbereich und beende die Stimulation bei einem deutlichen Schmerz- oder Abwehrverhalten.

Bei meinen Anwendungen „entdeckte" ich aber auch eigene Regulationspunkte (Abb.22), die es mir ermöglichen, Störfaktoren, die ein Weiterleiten von Frequenz oder Vibration behindern, aufzulösen und auch die Versorgung von Gelenken zu verbessern.

So sehr ich auch von meiner persönlichen Arbeitsmethode überzeugt bin, so wichtig ist es, dass Sie bedenken, dass dieses Nachschlagewerk ausschließlich meine persönlichen Erfahrungen mit der NeuroStim®-Methode beinhaltet. Es ersetzt weder ein qualifiziertes Anwender- oder Einführungsseminar, das für den optimalen Einsatz nötig ist, noch eine fundierte Ausbildung, die für eine symptombezogene Handhabung Voraussetzung sein sollte!

Ich kann Sie aber dazu einladen, sich an den entsprechenden Stellen weiterzubilden, wenn Sie mein Buch neugierig gemacht hat.

Ich hafte nicht für die unsachgemäße Verwendung des NeuroStim® Gerätes und die Nichtbeachtung der Kontraindikationen des Herstellers. Bitte beachten Sie, dass die von mir beschriebenen Behandlungsabläufe, empfohlenen Frequenzen, Programme Regulationspunkte, Kräuter und äußeren Anwendungen ausschließlich meine eigenen Erfahrungen beschreiben und nur als Empfehlung dienen können! Jede Anwendung muss individuell auf die vorliegende Problematik abgestimmt sein und nur **Sie** als Anwender oder Therapeut können das Tier in seiner Gesamtheit beurteilen und entsprechend seiner Symptome behandeln!

Und nun wünsche ich Ihnen viel Spaß beim Lesen!

Nur mit Hilfe meiner Familie, von Bekannten, Freunden und natürlich der geduldigen Tierpatienten war es mir möglich, praktische Erfahrungen über den vielfältigen Einsatz und die Wirkung des NeuroStim®-Gerätes zu sammeln. Deshalb möchte ich mich herzlich bei allen bedanken, die durch ihre positiven Rückmeldungen dazu beigetragen haben, dass dieses Nachschlagewerk entstehen konnte. Besonders bedanken möchte ich mich aber bei meiner Freundin

Constance Fritsche, die es mir durch die Teilnahme an zahlreichen humanen, sportmedizinischen Seminaren und tiermedizinischen Veranstaltungen ermöglichte, meine Kenntnisse immer mehr zu vertiefen, um diese hilfreich zum Wohle meiner Patienten einzusetzen.

Kapitel 2: Entwicklung, zellbiologisches Hintergrundwissen und Wirkweise der NeuroStim®-Methode

Entwicklung und Hintergrundwissen

Die NeuroStim®-Methode basiert auf der Grundlage der biomechanischen Stimulationstherapie, die von Prof. Dr. habil. Vladimir. T. Nasarov, einem der besten russischen Sportwissenschaftler, entwickelt wurde. Die Methode wurde anfänglich nur zur legalen Leistungssteigerung bei Spitzensportlern angewandt, da sie die physiologische Muskelarbeit nachahmt. Erst später erkannte man ihren Nutzen im Gesundheitswesen und sie wird bis heute erfolgreich in der Human- und Veterinärpraxis zur Behandlung von Erkrankungen, systemischen Regulation, Stabilisierung von degenerativen Prozessen, Prävention und Gesunderhaltung, zum gesunden Muskelaufbau u.v.a.m. eingesetzt. In Zusammenarbeit von Prof. Dr. Rimpler (Matrixforschung) mit Dr. Kohr (Medizintechnik) und W. Lilienfein (Physiotherapeut und Osteopath) entstand das NeuroStim®M 21. Die implizierten Frequenzen des Gerätes beruhen auf der wissenschaftlichen Feststellung, dass mechanische Schwingungen mit bestimmten Amplituden in einem Frequenzbereich von ca. 8 Hz bis 32 Hz (1 Hz = eine Schwingung pro Sekunde) unterschiedliche Wirkungen auf den Muskel-Sehnen-Apparat, insbesondere das Bindegewebe (Faszien), die Mikrozirkulation (Blut- und Lymphsystem) und den Zwischenzellraum (Matrix) haben.

Die Übertragung der Frequenzen ruft im Organismus unspezifische Reaktionen hervor, woraus folgt, dass der Körper Rhythmen erkennen, sie unterscheiden und unterschiedlich interpretieren kann. Aber nicht nur alle biologischen Strukturen, sondern auch die Flüssigkeiten des Organismus sind von Rhythmen abhängig. Als Taktgeber von Körperrhythmen sind den meisten der Herz-, Puls- und der

Hirnrhythmus bekannt, nicht aber der Sachverhalt, dass die Skelettmuskulatur aufgrund ihrer Masse von ca. 40 % des Gesamtkörpergewichtes den *größten* Taktgeber darstellt, der für die Motorik und als Antriebsorgan der Mikrozirkulation für den Blut- und Lymphfluss und auch für die Körpertemperatur verantwortlich ist. Während der Herzmuskel Blut in die feinsten Blutgefäße pumpt und dabei Sauerstoff und Nährstoffe an die Zellen heranführt, sorgt eine rhythmisch schwingende Skelettmuskulatur für ein gut funktionierendes Lymphgefäßsystem. Dieses wichtige Transportsystem kann auch als „Müllabfuhr" unseres Körpers bezeichnet werden, da es Ablagerungen aus der Zellumgebung, die z.B. aus Entzündungs-und Stoffwechselendprodukten, Kontraktionsrückständen oder Giftstoffen entstanden sind, abtransportiert.

Eine wichtige Rolle spielt die Frequenz im Bereich von 8-12 Hz, die dem Alphawellenbereich des Gehirns entspricht und auch von der Raumfahrtmedizin als gravitationskraftabhängige Ruhefrequenz für den gesamten Organismus erkannt wurde. Es ist auch belegt, dass die gesunde Skelettmuskulatur nicht nur in Extremsituationen wie Schüttelfrost, Fieber und Angst zittert, sondern bereits in Ruhesituationen zeitlebens mit charakteristischem Frequenz- und Amplitudenspektrum schwingt.

Wirkweise der NeuroStim®-Behandlung

Der vibrierende Schwingkopf des NeuroStim®-Gerätes überträgt Frequenzen zwischen 8-32 Hz, die auf Störungen oder Beschwerden des Organismus abgestimmt sind und auf ihre Wirksamkeit geprüft wurden. Damit können Verspannungen der myofaszialen Strukturen gelockert und sog. „Fehlrhythmen" der Skelettmuskulatur korrigiert werden, die z.B. zahlreiche Erkrankungen, Beschwerden des Bewegungsapparates, einen eingeschränkten Blut- und Lymphfluss, Störungen des Sekretions-, Nerven- und Stoffwechselsystems, chronische Schmerzen oder auch Verhaltensprobleme verursachen können. Mit der Anwendung können die Frequenzen großflächig im Gewebe aber auch im gesamten Organismus verteilt werden, da die Vibration des Schwingkopfes spezielle Sinnesrezeptoren anregt und diese nicht nur zahlreich in der Unterhaut bzw. dem Bindegewebe, sondern auch an Organen, z.B. der Harnblase und der Bauchspeicheldrüse, an Sehnen und Faszien, Muskeln, Gelenkkapseln, der Knochenhaut und dem Mesenterium, dem Aufhängeapparat von inneren Organen und des Darmes, vorkommen. Der Vorteil der NeuroStim®-Anwendung ist, dass sich kein Gewöhnungseffekt einstellt, da die erzeugte Vibration bei jeder Anwendung einen „neuen" Reiz auf die Sinnesrezeptoren ausübt und der Körper so, entsprechend seiner vorliegenden Problematik, die Frequenzen bzw. Schwingungen interpretieren, weiterleiten und umsetzen kann. Ein weiterer "Pluspunkt" der Anwendung ist auch, dass gezielt an Problembereichen gearbeitet und dabei wegen der Wirkung auf das lymphatische System gleichzeitig die Zellumgebung „gereinigt" werden kann. Dies kann beispielsweise ermöglichen, dass akute Geschehen schneller abklingen, degenerative Prozesse stabil bleiben, Muskulatur gesund wachsen, der Fellwechsel problemlos ablaufen und die Gesundheit des Tieres erhalten werden kann.

Zur Prüfung der Wirksamkeit der NeuroStim®-Anwendung auf den „Lebensraum" der Zellen habe ich vorher (Abb.2) und nachher (Abb.3) einen Tropfen Blut unter dem Dunkelfeldmikroskop untersucht. Obwohl die Anwendung nur

10 Minuten andauerte, kann man erkennen, wie sich die Form und auch die Umgebung der Zellen durch die Anwendung deutlich verbesserte.

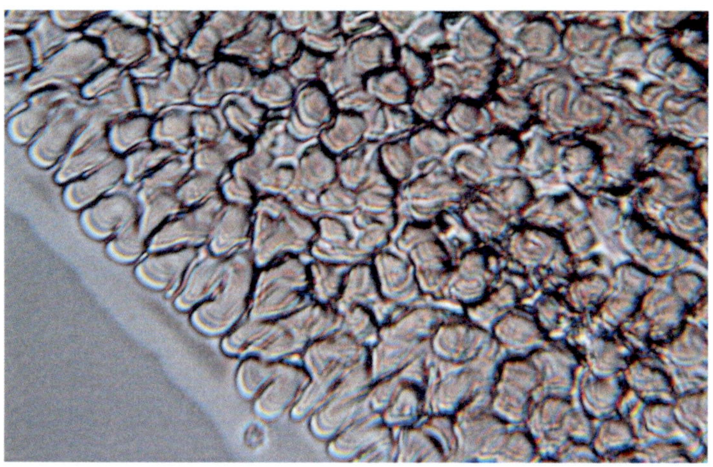

Abbildung 2 Zellumgebung vorher

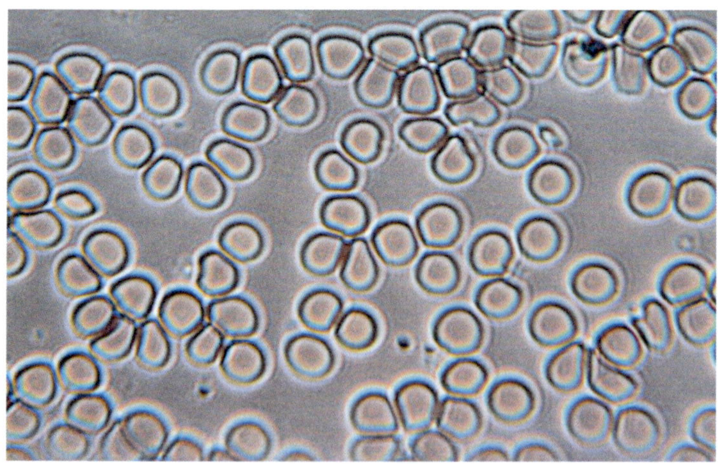

Abbildung 3 Zellumgebung nachher

Zusammenfassend kann man sagen, dass Verspannungen der Muskulatur und der Elastizitätsverlust des Gewebes den gesunden Rhythmus der Skelettmuskulatur aus dem „Takt“ bringen, was langfristig für einen „trägen“ Fluss der Lymphe sorgt, wodurch sich „Schlacken“ und Giftstoffe im Gewebe ablagern, die den Körper „übersäuern“. Dies kann für die Entstehung von zahlreichen Erkrankungen, chronischen Schmerzzuständen und auch für emotionale Beschwerden verantwortlich gemacht werden.

Frequenzen: Good Vibrations!

Wählen Sie zu Beginn jeder Behandlung die richtigen Frequenzen oder Programme, die auf die jeweils vorliegenden Symptome abgestimmt und auf ihre Wirksamkeit geprüft sind. Diese werden in den nachfolgenden Frequenztabellen beschrieben. Nur so lässt sich ein optimales Ergebnis der Behandlung erzielen. Bei Unsicherheiten wenden Sie sich an einen erfahrenen Therapeuten oder beginnen Sie mit einer niedrigen Frequenz und beachten Sie die Reaktion des Tieres.

NeuroStim® M21/C21

PROGRAMÜBERSICHT UND BEHANDLUNGSBEISPIELE

Programm	**Wirkung**	**Anwendung bei**
P1 Einzelfrequenz 10 Hz	+ Lymphabfluss + Anregung der Matrix	+ Grundprogramm zum Ausleiten + Ödem, nach Operation und Trauma
P2 Breitbandiges Frequenzspektrum 8 - 12 -8 Hz	+ Endsorgung der Stoffwechselprodukte + Förderung des venösen Abflusses + Aktivierung der Matrix	+ entzündliche Erkrankungen allgemein + Schmerzen im Muskel-, Nerv-, Bindegewebe und Gelenkapparat + postoperative und posttraumatische Zustände des Bewegunssystems
P3 Einzelfrequenz 18 Hz	+ Förderung des arteriellen Zuflusses + Stoffwechselaktivierung	+ Gelenkmobilisation + Behandlung von Kontrakturen
P4 Breitbandiges Frequenzspektrum 18 - 24 - 18 Hz	+ Detonisierung der Gewebespannung von Haut, Muskeln, Sehnen und Nerven + Ausleitung von Stoffwechselprodukten	+ Dehnung von Muskeln, Sehnen, Gefäßen und Nerven + Lösen von Verklebungen, Muskelverspannungen, Myotendinosen + Behandlung an Triggerpunkten + Narben + Muskelverletzungen
P5 Frequenzfolge 24 - 28 Hz	+ Tonisierung + Schmerzlinderung + Mobilisierung und Vergrößerung des Bewegungsraumes (z.B. Schrittlänge) + Aufbau und Steigerung der Muskelkraft + Optimierung des nervalen Reizsystems	+ Mobilisation von Gelenken + Verbesserung der Koordination und Kraftaufbau + Verbesserung von muskulären u. athrogenen Dysbalancen + zentrale und periphere Phasen + Lähmungen + Verbesserung der Koordinationsfähigkeit

Tabelle 1 Programmübersicht Fa. Overo

NeuroStim® M21/C21

PROGRAMÜBERSICHT UND BEHANDLUNGSBEISPIELE

Programm	Wirkung	Anwendung bei
P6 Einzelfrequenz 24 Hz	+ Tonisierung	+ Narbenbehandlung + Entspannung + Meridianbehandlung
P7 Einzelfrequenz 28 Hz	+ Tonisierung + Schmerzlinderung	+ Anregung allgemein
P8 Breitbandiges Frequenzspektrum 14 - 22 - 14 Hz	+ Detonierung und allgemeine Entspannung	+ Behandlung v. Reflexpunkten, Akupunkturpunkte + Segmentbehanldung von Faszien
P9 Frequenzfolge 23 - 32 Hz	+ Anregung des Gefäßdurchflusses	+ Triggerpunkte + Atrophie

Frei wählbare Frequenzen

Programm	Wirkung	Anwendung bei
8 Hz - 13 Hz	+ Lymphabfluss + Entsorgung der Stoffwechselprodukte + Aktivierung der Matrix	+ Ödeme nach Operation und Traumen
14 Hz - 22 Hz	+ Detonisierung + Entspannung	+ Dehnung von Muskeln, Sehnen, Gefäßen und Nerven + Lösen von Verklebungen
23 Hz - 32 Hz	+ Tonisierung, Hyperämie	+ Schmerzlinderung + Narben, Kontrakturen + Gelenkmobilisation + Kraftaufbau, Koordination

Tabelle 2 Programm- und Frequenzübersicht Fa. Overo

Handhabung: Einfach Spitze!

Damit die Behandlung bis in den Zellzwischenraum wirken kann, muss das NeuroStim®-Gerät entsprechend eingesetzt werden. Lässt man die Rundung des Schwingkopfes während der Behandlung nur oberflächlich auf dem Gewebe gleiten, wirkt dies korrigierend auf den „Rhythmus" der Skelettmuskulatur, entspannend auf die myofaszialen Strukturen und, wie bereits oben erwähnt, weitreichend regulierend im Organismus. Übt man jedoch mit der Spitze des Schwingkopfes einen Längszug am Gewebe aus, sorgt dies für die maximale Dehnung der Muskulatur und für die Regulation von Elastizitätsverlust des Gewebes. Soll aber Ziel der Behandlung sein, das Ablagerungen, bzw. „Schlacken" und Giftstoffe aus der Zellumgebung schneller abtransportiert werden, muss man die Spitze des Schwingkopfes leicht in Lymphabflussrichtung eindrehen. Der Saug- und Pumpmechanismus, der dadurch ausgelöst wird, bewirkt den sog. „Melkeffekt" des Bindegewebes, das Alfred Pischinger, österreichischer Histologe und Embryologe, als den Entstehungsort von Krankheiten ansieht. Dem Bindegewebe spricht Pischinger auch eine bedeutende Rolle bei Heilungs- und Regenerationsprozessen zu. Zum besseren Verständnis vergleicht er das Zwischenzellgewebe (Bindegewebe) mit dem Lebensraum der Einzeller. Diese sind zum Überleben auf ein sauberes Zellmilieu (Meerwasser) ebenso angewiesen wie jedes Individuum auf ein gesundes Umfeld der Zellen (Zwischenzellflüssigkeit). Das Grundgewebe (Bindegewebe) stellt die Basis des ganzen Körpers und gilt im übertragenen Sinne als die „Grundsubstanz", aus der Organe entstehen.[2]

Die richtige Handhabung des NeuroStim®-Gerätes ist deshalb wichtig für den Behandlungserfolg und notwendig für eine systemische Regulation bis in die Zellumgebung.

---

2 Alfred Pischinger, Das System der Grundregulation, Haug Verlag, 12. unveränderte Auflage.

Abbildung 4 Bindegewebe Fa. Overo

Die Spitze des Schwingkopfes kann außerdem noch zur Stimulation an Trigger-, Schmerz- und Akupunkturpunkten eingesetzt werden. Dabei lässt man diese an den gewählten Punkten ca. 20-30 Sekunden rotieren. Wichtig bei der Anwendung ist nicht nur die richtige Handhabung des Gerätes, sondern auch, dass Sie während der Behandlung spüren, wie der Körper des Tieres auf die Anwendung reagiert. Deshalb sollte die freie Hand immer auf dem Gewebe liegen, damit im Problembereich geprüft werden kann, wie sich das Schwingungsmuster verteilt, ob an entfernt liegenden Strukturen schon eine Reaktion zu fühlen ist und wann sich Spannungszustände oder Verspannungen auflösen. Die Reaktion des Gewebes, die sich wie ein leichtes Pulsieren anfühlt und als wellenartige Bewegungen auf dem Fell des Tieres beobachtet werden kann, ist für Sie ein wichtiger Hinweis, ob die gewählte Frequenz ausreicht, erhöht oder vermindert werden sollte und wie lange Sie an der Region arbeiten müssen. Bei extremen Verhärtungen spürt man jedoch manchmal nur eine zaghafte „Antwort" des Gewebes, da sich diese nicht mit einer Anwendung lösen lassen und Sie deshalb auch nicht zu lange an einem Problembereich verweilen sollten, um das Tier nicht mit den übertragenen Frequenzen zu überfordern. Achten Sie auch auf ein angemessenes Arbeitstempo. Zur Regulation von körperlichen und emotionalen Störungen sowie zur Ausleitung und Anregung des Lymphflusses empfehle ich eine niedrige Frequenz und ein langsames Arbeitstempo. Bei anregenden Behandlungen, Muskelaufbau, Atrophien oder Lähmungserscheinungen muss die Frequenz höher sein und auch das Arbeitstempo entsprechend angepasst werden. Es ist auch nicht nötig, während der Anwendung Druck auf das Gewebe auszuüben, denn dies vermindert die gewählte Frequenz und sorgt außerdem für eine Unterbrechung des bereits regulierten, gleichmäßigen Lymph-und Energieflusses.

Die Dauer der Anwendung sollte sich immer nach der Reaktion des Tieres richten. Ein Abwehrverhalten kann z.B. bedeuten, dass Sie an einer schmerzhaften Region arbeiten, das Tier bereits mit den „Informationen" der Frequenzübertragung überfordert oder die Frequenz zu hoch eingestellt ist.

Indikationen: Für (fast) alles

Die NeuroStim®-Behandlung lässt sich bei zahlreichen Störungen und Erkrankungen wirkungsvoll einsetzen.

Besonders bewährt hat sich der Einsatz in meiner Praxis bei:

- Muskulären Verspannungen
- Lymphabflussstörungen (nicht cardial bedingt)
- Verletzungen, Hämatomen
- Gelenkbeschwerden, z.B. Arthrose, Kissing spines
- COB
- Hufrehe
- Hufrollenentzündungen
- schlecht heilenden Wunden
- Sehnen-, Bänder- und Muskelverletzungen
- Hahnentritt
- Kolik im Frühstadium
- Hauterkrankungen, Allergien
- der Unterstützung zur Gewichtsreduzierung, Ausleitung und Entgiftung
- Stoffwechselerkrankungen z.B. Cushing
- der Erhaltung der Gesundheit und im geriatrischen Bereich
- der Entspannung in den Trainingsphasen
- der Steigerung der Muskelkraft
- der Unterstützung im Fellwechsel
- der Harmonisierung von emotionalen Auffälligkeiten u.v.m.

Kontraindikationen in meiner Praxis:

- Herzerkrankungen
- Trächtigkeit
- infizierte Wunden
- Infektionen
- Knochenbrüche
- Entzündungen im Behandlungsbereich
- bösartige Erkrankungen
- Tumore, Metastasen
- Fieber

Kapitel 4: Mit den Händen „sieht" man besser

Diagnosestellung

Beim „Suchen" von Störungen des Organismus bzw. bei der Untersuchung des Pferdes steht für mich „das Fühlen" im Vordergrund. Die Hände sind nicht nur bei den Therapien das wichtigste Handwerkszeug, sondern schon bei der Befunderhebung von enormer Bedeutung. Äußerliche bzw. sichtbare Veränderungen haben erfahrungsgemäß nie ihren Ursprung in dem Gebiet, in dem sie auffällig sind. Deshalb „scanne" ich zu Beginn der Anamnese den gesamten Haut- bzw. Fellbereich des Pferdes einschließlich der Hufe ab, d.h. ich berühre dabei nicht die Oberfläche des Körpers, sondern halte ca. 1 cm Abstand davon. So kann ich Kälte- und Wärmezonen besser erfassen und verhindere auch, dass sich meine eigene Körperwärme in die Bezirke überträgt und ich eine vermehrte oder verminderte Durchblutung nicht genau feststellen kann. Danach taste ich die Hautzonen auf Verspannungen, Verhärtungen, Narben oder Einziehungen ab. Anschließend erfasse ich Haarverfärbungen, Trockenheit der Haut, den Zustand der Hufe, Schuppenbildung oder Haar- bzw. Fellverlust. Ich achte auch auf den Geruch der Haut und der Ausscheidungen, da mir dies wichtige Hinweise auf das Stoffwechselgeschehen liefert. Vorliegende Schwellungen, die nicht verletzungsbedingt sind, können z.B. anzeigen, dass das Lymphgefäßsystem überfordert ist oder eine „ungesunde" Zellumgebung vorliegt, die eine Ausleitung von Abfallprodukten behindert und auch den gesunden Muskelaufbau verhindern kann.

Bei länger anhaltenden Störungen oder unklarer Symptomatik muss zuerst eine zuverlässige Diagnose seitens eines Tierarztes oder Therapeuten erstellt werden, damit die Anwendung gezielt eingesetzt werden kann.

Geben Sie entsprechende Empfehlungen oder Überweisungen an den Tierbesitzer, denn dies schafft Vertrauen in Ihre Kompetenz und erspart falsch eingesetzte Anwendungen und unnötige Schmerzen für das Tier.

Weisen Sie bei der Untersuchung darauf hin, dass Störungen der Skelettmuskulatur nicht nur den Bewegungsapparat betreffen, sondern bei länger anhaltender Problematik auch Organe in ihrer Funktion beeinträchtigen und für emotionale Auffälligkeiten sorgen können. Stellen Sie ebenfalls Fragen zur Haltung, Nutzung, Herdensituation, den Ruhephasen und zur Fütterung, denn besonders falsche oder zu üppige Fütterung und Stress führen zur „Vermüllung" im Zwischenzellgewebe, was die Motilität und Mobilität des Körpers behindert. Achten Sie bereits auf die ersten „Schritte" des Pferdes und auf die Körperhaltung, wenn es zu Ihnen geführt wird. Ist z.B. die Vorführphase der Gliedmaße verkürzt, kann dies auf eine muskuläre Dysfunktion hinweisen (wie Probleme beim Auffußen z.B. auf knöcherne Veränderungen). Ein schlurfender Gang lässt nicht nur Muskelverspannungen erahnen, er könnte auch ein Hinweis auf eine Erkrankung, z.B. der „Hufrolle", sein. Durch Provokationsproben lassen sich manifestierte Störungen von Muskulatur und Gelenken erkennen, aber bedenken Sie, dass die Entstehung der Problematik meist in einer ganz anderen oder entfernten Körperregion liegt.

Danach lassen Sie sich das Pferd an der Longe vorführen, damit Sie die Kopf- und Halshaltung, das Auffussen der Gliedmaße, das Untertreten, das Schwingen des Rückens, die Schweifhaltung und die Hüftbewegung beurteilen können. Überprüfen Sie anschließend auch die Ausrüstung auf ihre Passform. Hilfreich bei Gangbildanalysen sind Videoaufnahmen, die verdeutlichen, welche Veränderungen bzw. Verbesserungen die NeuroStim®-Anwendung erzielte. Zur Feststellung von Problemzonen dient Ihnen der nachfolgende Untersuchungsplan, den Sie für jeden Patienten anfertigen können. Anschließend können Sie die Skizze für die Dokumentation der festgestellten Störungen und zu Kontrollzwecken nutzen.

Untersuchungsplan

Checkliste des Gewebes: Beurteilung von

Wärmezonen	
Kältezonen	
Fellveränderungen /Fellzustand	
Verletzungen / Verhärtungen / Verspannungen	
Atrophien	
Hautausschläge, Krusten etc.	
Geruch des Gewebes	
Narben	
Einziehungen	

Checkliste des Bewegungsmusters: Beurteilung der

Körperhaltung (schlurfender Gang, hängender Kopf, Nickbewegung, etc.)	
Körperhälften, Augen und Ohren auf vorliegende Asymmetrien	
Hufe	
Stellung (z.B. Bodeneng / Zehenweit etc.)	
Ausrüstung: Sattel, Trense etc. Fütterung	

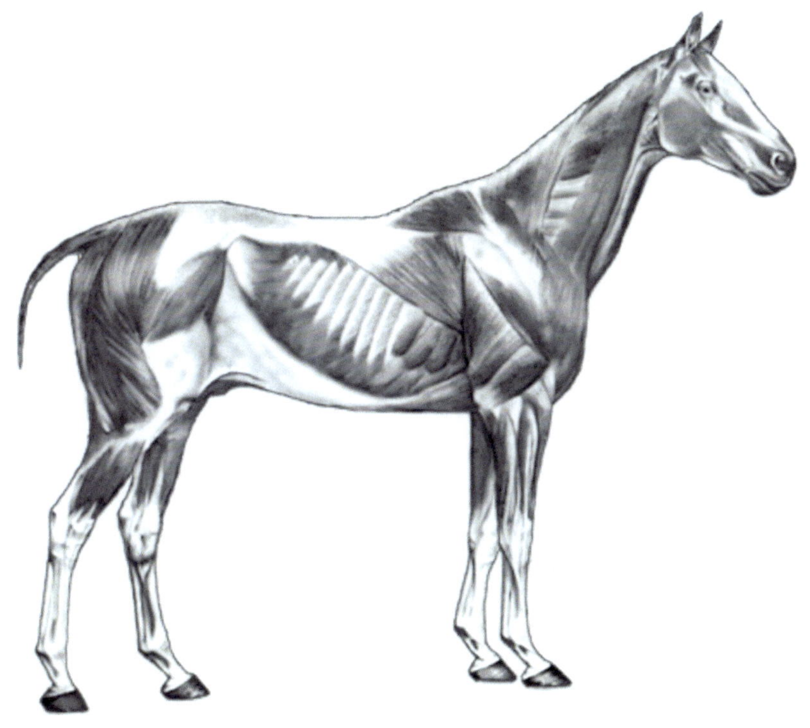

Abbildung 5 Skizze Fa. Overo

Zur Überprüfung der festgestellten Störungen kann das NeuroStim®-Gerät auch diagnostisch eingesetzt werden. Eine verstärkte Rotation, eine holprige Bewegung des Schwingkopfes auf dem Gewebe oder eine verminderte Verteilung des Schwingungsmusters deutet auf einen „Problembereich" in dieser Region hin, der Auswirkungen auf die in der Peripherie gelegenen Strukturen haben und Verletzungen von Sehnen und Gelenken begünstigen kann.

Mit diesen Vorschlägen bzw. Ausführungen sind Sie nun in der Lage, Probleme des Organismus zu erkennen, zu eliminieren bzw. zu regulieren oder bei degenerativen Erkrankungen konstant zu halten. Lassen Sie sich nicht entmutigen, wenn schnelle „Heilungen" ausbleiben, denn der Organismus braucht oft erst Zeit, das neue „Rhythmusmuster" zu verstehen, anzuerkennen und umzusetzen.

Arbeiten Sie nicht strikt nach Plan. Verlassen Sie sich auf Ihr Fühlen, denn jedes Pferd reagiert individuell, was u.a. von der Rasse und der konstitutionellen und emotionalen Verfassung des Pferdes abhängt.

Auf Grundlage dieser Vorgehensweise konnte auch ich meine eigene Arbeitsmethode, die AktivReHa, entwickeln, die es mir ermöglicht, bei den Behandlungen gleichzeitig Körper und Psyche auszubalancieren. Diese möchte ich Ihnen gerne im nächsten Kapitel vorstellen und Ihre Neugier mit der folgenden E-Mail wecken, die mich nach einer Anwendung erreicht hat:

„Liebe Silke…

Die Stute hat schon auf den Körperscan mit den Händen richtig heftig reagiert und mich auch erst nach langem Zögern mit dem NeuroStim® *rangelassen, aber danach hatten wir ein völlig neues Pferd, das sich im positive Sinne um 180 Grad verändert hatte, es war der absolute Wahnsinn, wir waren beide total sprachlos. Vorher ist sie grad so getrabt, angaloppiert nur unter Zwang, danach ist sie über den Platz gerannt mit Buckeln und Steigen vor Freude, das war so toll mit anzusehen. Bei ihr wurden wahrscheinlich die seelischen und körperlichen Verspannungen gleichzeitig gelöst. Dieses Pferd hat bei mir wirklich die letzten Zweifel an der Methode ausgeräumt."*

Kapitel 5: AktivReHa-Methode

Aktivieren

Es macht wenig Sinn, den Körper bei der Heilung unterstützen oder manifestierte Störungen regulieren zu wollen, wenn nicht das wichtigste Drainagesystem des Körpers, das Lymphsystem, aktiviert wird.

Da bei jeder NeuroStim®-Anwendung neue Stoffwechselendprodukte anfallen und auch Ablagerungen aus dem Zellmilieu gelöst werden, muss das Lymphgefäßsystem durch sanfte Stimulation am Venenwinkel auf die anfallende „Mehrarbeit" vorbereitet werden.

Dies kann mit der Regelung einer Schleuse verglichen werden. Öffnet man die Schleuse, kann das überschüssige Wasser abfließen und der Wasserstand wird dadurch reguliert. Bleibt die Schleuse jedoch verschlossen, prallt das herantretende Wasser gegen das Tor, kann nicht abfließen und wird wieder zurückgedrängt. Genauso ergeht es der zusätzlich anfallenden Lymphe, wenn der Venenwinkel verschlossen bleibt. Der Rückstau aus dem Körper wird im Zwischenzellgewebe abgelagert, und so kann dieses „vermüllen" und dem Lebensraum der Zellen die Sauerstoffzufuhr drosseln, die der Körper wie „die Luft zum Atmen" braucht.

Wie das Lymphsystem vorbereitet werden kann, zeigt der nachfolgende Arbeitsschritt „Aktivieren", den ich zu Beginn jeder NeuroStim®-Behandlung durchführe. Dabei spielt es für mich keine Rolle, ob die Anwendung zur zellbiologischen Regulation, zur Regeneration von Erkrankungen bzw. Störungen des Organismus, von denen einige Beispiele in Kapitel 6 aufgeführt sind, oder nur zur Muskelentspannung erfolgt.

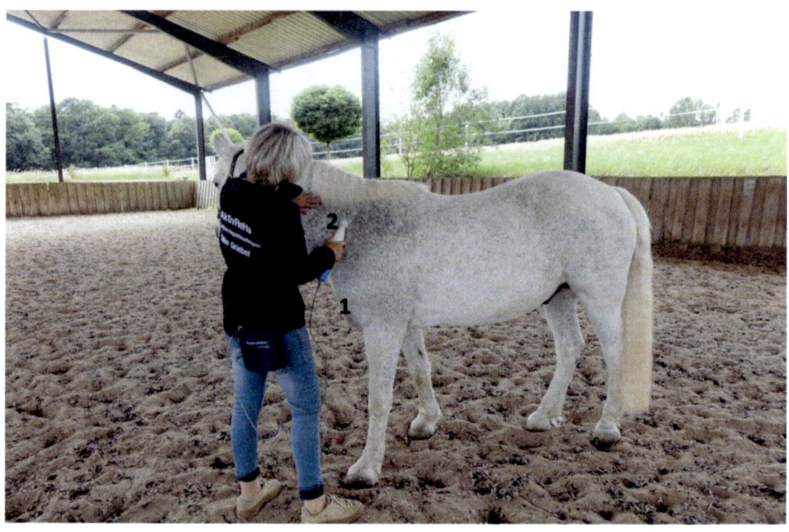

Abbildung 6 Aktivieren

Arbeitsschritt Aktivieren mit Programm 1 (Abb. 6)

Üben Sie mit der Rundung des Schwingkopfes am Ende der Drosselrinne (1) an der linken Körperseite des Pferdes fünfmal leichten Druck aus, um das Lymphgefäßsystem zu aktivieren. Danach den Bereich oberhalb der Schulter (2) großflächig bearbeiten. Es ist wichtig, dies an der linken Körperseite durchzuführen, , denn hier mündet der Lymphsammelstamm, der die Lymphe aus der gesamten unteren Körperhälfte transportiert.

Nach dem Öffnen „der Schleuse“ ermöglicht der zweite Arbeitsschritt „Regulieren“, die Reinigung der Zellumgebung von Ablagerungen und Kontraktionsrückständen und deren zügigen Abtransport mit dem Lymphfluss.

Regulieren

Das Lymphgefäßsystem ist neben dem Blutkreislauf das zweitwichtigste Transportsystem und an körpereigenen Abläufen direkt oder indirekt beteiligt. Es ist für den Sauerstoff- und Nährstofftransport der Zellen und den Abtransport von z.B. Kontraktionsrückständen oder Ablagerungen aus Stoffwechselprozessen, Bakterien, Viren oder Zelltrümmern aus der Zellumgebung zuständig. Die Lymphe hat zusammen mit den Lymphknoten die Funktion, Krankheitserreger zu eliminieren und unschädlich zu machen. Ferner nimmt sie im Darm nicht direkt resorbierbare Nahrungsfette auf, die dem Körper als Energie zur Verfügung gestellt werden können. Ist dieses wichtige Transportsystem überfordert oder der Lymphfluss durch Ablagerungen oder „Schlacken“ blockiert, können z.B. Antrieblosigkeit, verzögerte Wundheilung, Probleme beim Fellwechsel, Allergien, Mauke, emotionale Auffälligkeiten, aber auch immer wiederkehrende Infekte auftreten, da das Lymphgefäßsystem auch Teil der Immunabwehr ist.

Der Arbeitsschritt „Regulieren“ kann jede symptombezogene Anwendung effektiv und nachhaltig wirken, jeden Heilungs- und Regenerationsprozess schneller ablaufen lassen und das Immunsystem stärken. Besonders wichtig ist aber, dass bei einer Behandlung, die ganzheitlich wirken soll, die Stoffwechselorgane mit entsprechenden Kräutern oder wirksamen Präparaten bei der Ausleitung und Entgiftung unterstützt werden. Ebenso muss auch die Anpassung oder Umstellung der Fütterung erfolgen, damit der Behandlungserfolg erhalten bleibt. Schon Hippokrates, griechischer Arzt und Begründer einer wissenschaftlich orientierten Medizin, erklärte, dass man nicht nur die Krankheit selbst, sondern immer den ganzen Organismus behandeln muss. Seine Therapien umfassten deshalb die Umstellung der Ernährung und das Eliminieren der äußeren und inneren pathogenen Faktoren, aber auch das Anwenden der Chirurgie, damit Heilung erfolgen kann. Von ihm stammt das Zitat:

„Lass die Nahrung deine Medizin sein und Medizin deine Nahrung“

Hippokrates verkörpert auch heute noch für viele Menschen das ideale Leitbild eines Arztes, der Heilung mit ärztlichem und menschlichem Ethos verbindet. Aus diesem Leitbild heraus entstand der hippokratische Eid.

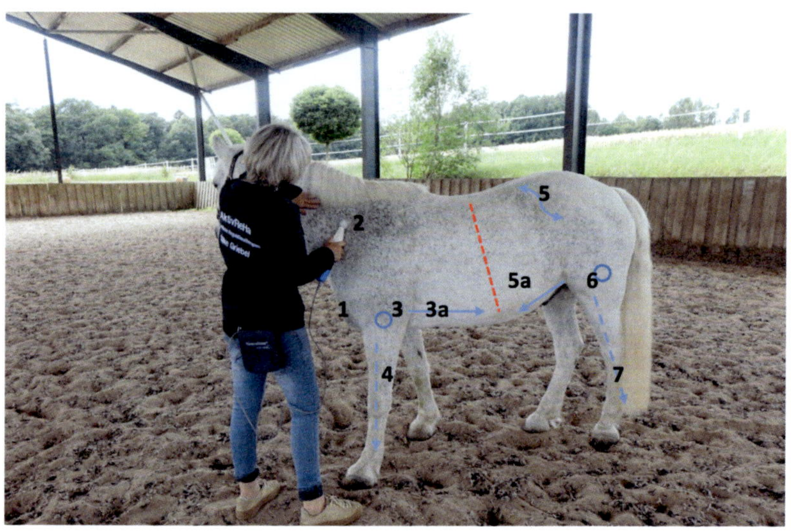

Abbildung 7 Regulieren

Arbeitsschritt Regulieren mit Programm 1 (Abb. 7)

Nach dem Arbeitsschritt „Aktivieren“ (1 und 2) mit der Rundung des Schwingkopfes das Gewebe im Achselbereich (3) stimulieren. Dann vom Ellenbogenbereich aus an der vorderen Hälfte des Bauches (3a) bis zur Trennlinie (rot) arbeiten. Anschließend die Vordergliedmaße (4) bis zum Huf behandeln. Den Bereich vor dem Hüfthöcker (5) großflächig lockern und die Arbeitsrichtung wechseln. d.h. vom Leistenbereich aus, die hintere Hälfte des Bauches (5a) bis zur Trennlinie (rot) bearbeiten. Danach im Schenkelinnenspalt (6) das Gewebe stimulieren und an der Hintergliedmaße

(7) bis zum Huf weiterbehandeln und anschließend die Anwendung an der rechten Körperhälfte wiederholen.

Während der gesamten Anwendung wird die Spitze des Schwingkopfes in Lymphabflussrichtung eingedreht, d.h. an der vorderen Hälfte des Pferdekörpers zur Brust und an der hinteren Hälfte des Pferdekörpers zur Leiste.

Kräuterempfehlung

Brennnessel, Goldrute, Artischocke und Mariendistel unterstützen die Ausleitung. Das Schöllkraut verbessert den Lymphfluss und ist in vielen Kräutermischungen zur Stoffwechselunterstützung enthalten. Besonders erwähnenswert ist der Löwenzahn, den schon Hippokrates als Universalentgifter ansah.

Nach dem Aktivieren der Lymphe und der Regulierung des Zellmilieus kann das „Harmonisieren“ für die körperliche Losgelassenheit, emotionale Gelassenheit und den richtigen „Schwung“ des Pferdes sorgen.

Harmonisieren

Körperliche Beschwerden sollten auch bei Tieren nicht isoliert behandelt werden, vielmehr muss die Stabilisierung bzw. Verbesserung der psychischen Verfassung in die Behandlung integriert werden. Doch wie kann die NeuroStim®-Anwendung auf Emotionen wirken, Gefühle beeinflussen und das Energieniveau des Pferdes verbessern? Dies ermöglicht die Arbeit an der Bauchmuskulatur, an der Region des Solarplexus und direkt auf der Linea Alba. Behandlungen an diesen Strukturen haben mir dabei geholfen, körperliche und emotionale Probleme zu lösen, die Psyche des Pferdes bei Erkrankungen zu stabilisieren und die Gelassenheit zu fördern. Dies kann damit begründet werden, dass auf der Linea Alba (Mittellinie des Pferdes) ein wichtiger Akupunktur-Meridian verläuft, der Einfluss auf innere Organe und die emotionale Sicherheit hat, die Bauchmuskulatur laut der sensomotorischen Körpertherapie nach Dr. Pohl, in enger Beziehung mit der Psyche steht und der Solarplexus, ein wichtiges Schaltzentrum des Nervensystems, für Ruhe und Gelassenheit des Körpers und für die geistige und körperliche Energie sorgt. Dass auch Gefühle in dieser Region besonders intensiv empfunden werden, zeigt die menschliche Reaktion bei Angst, Gefahr und Schmerz. Hier legt man intuitiv die Hände auf, um zu beruhigen oder Schmerzen zu lindern und hier breitet sich auch ein angenehmes Gefühl aus, wenn die „gefährliche" Situation vorüber ist und sich die Anspannung löst. Dieses Gefühl, das Körper und Geist in einen zufriedenen, glücklichen Zustand versetzt, können wir auch unsere Tiere spüren lassen, wenn wir an dem Bereich zwischen Brust und Becken entspannend arbeiten. Mit dieser Vorgehensweise können körperliche und emotionale „Blockaden" gelöst, die „Mitte" gestärkt, die Gesundheit erhalten und die Energie und Leistungsbereitschaft des Pferdes gesteigert werden.

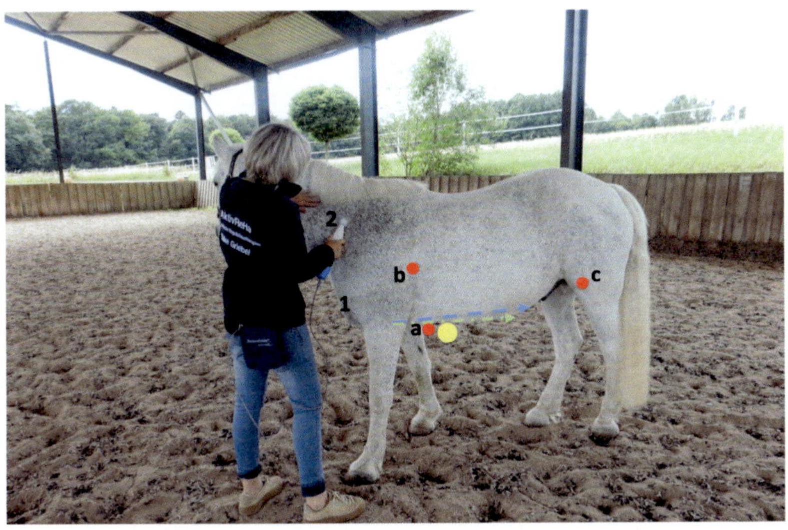

Abbildung 8 Harmonisieren

Arbeitsschritt Harmonisieren mit Frequenz 16 Hz (Abb.8)

Zuerst erneut den Arbeitsschritt „Aktivieren“ (1 und 2) an der linken Körperseite durchführen. Anschließend von der Brust bis zum Nabel, das Gewebe rechts und links neben der Mittellinie des Pferdes (blauer Pfeil) lockern. Danach direkt auf der „Mittelinie“ des Pferdes (grüner Pfeil) und an der Solarplexus Region (gelber Kreis) entspannend arbeiten.

Unterstützende Maßnahmen:

An den Regulationspunkten (rot) in der Kuhle am Brustbein (a), neben dem M. triceps brachii (b) und seitlich am Knie (c)) die Spitze des Schwingkopfes 20-30 Sekunden rotieren lassen.

Kräuterempfehlung

Zur Unterstützung des seelischen Gleichgewichtes kann z.B. Melisse, Salbei, Passionsblume, Lavendel, Hopfen oder Ginseng verabreicht werden.

Bevor ich Ihnen im letzten Kapitel einige Beispiele aus meiner Praxis vorstelle, möchte ich gerne noch zum Nachdenken anregen. Das Prinzip der Grundregulation nach Pischinger beschreibt das Bindegewebe als lebendigen Teil des Lebens, dem alle Grundfunktionen zukommen (Grundsubstanz) und als **den** Entstehungsort von Krankheiten. Deshalb ist es unerlässlich, die Regulierung oder „Reinigung" der Zellumgebung bzw. das Bindegewebes in die Therapien einzubeziehen, damit diese erfolgreich sein können. Es ist auch nötig, bereits auf kleine Veränderungen oder auf Elastizitätsverlust des Gewebes zu achten, denn keine Arthrose, keine COB, Kissing Spines oder dergleichen, entsteht plötzlich. Leider werden zu oft die „kleinen Hilferufe" des Organismus vom Besitzer überhört und Verspannungen, Spannungszustände des Gewebes, Bewegungs- und Funktionseinschränkungen ignoriert und durch Zusatzfutter, Medikamente, Änderung der Reitweise u.v.a.m. „überspielt". Gehandelt wird erst, wenn der Organismus bzw. das Lymphgefäßsystem überfordert und nicht mehr in der Lage ist, den über längeren Zeitraum vorhandenen Störfaktor eigenständig zu regulieren. Deshalb ist es auch Aufgabe des Therapeuten den Besitzer darauf hinzuweisen, nicht erst aktiv zu werden, wenn sich Erkrankungen oder Störungen manifestiert haben. Machen Sie auch deutlich, welche Rolle eine „gesunde" Zellumgebung für Heilungs-und Regenerationsprozesse spielt und welchen positiven Einfluss die Harmonisierung bzw. Stabilisierung des Gemütszustandes auf den Therapieerfolg und die Gesunderhaltung des Pferdes haben kann.

Die nachfolgende Grafik verdeutlicht noch einmal, wie ich den Organismus des Pferdes optimal auf symptombezogene Anwendungen vorbereite, damit meine nachfolgenden Behandlungen schneller zum Ziel führen und nachhaltiger wirken können.

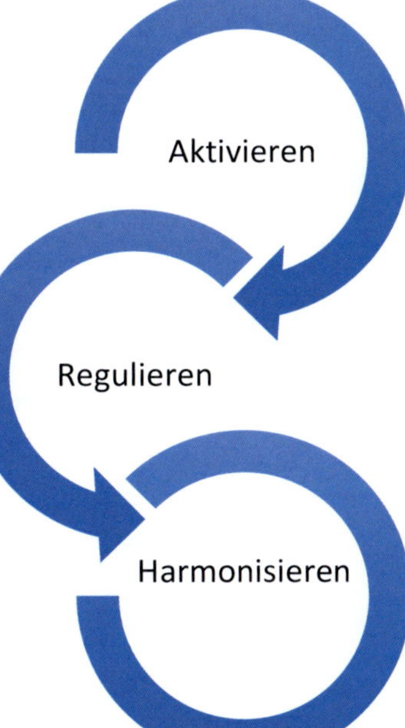

Abbildung 9 AktivReHa Methode

Arthrose/Spat

Verletzungen, Fehlstellungen der Gelenke, Übergewicht, Überbelastung, muskuläre Verspannungen, schlechte Hufstellung oder stoffwechselbedingte Vorgänge, aber auch eine falsche Reitweise können für die Abnutzung des Gelenkknorpels sorgen. Meist ist davon das Sprunggelenk des Pferdes betroffen. Arthrose kann, wie fast alle Erkrankungen auch, durch eine Übersäuerung des Organismus, d.h. eine „vermüllte“ Zellumgebung, ausgelöst werden. Deshalb sollte auch die Fütterung überprüft und angepasst werden.

Bei Arthrose zeigen sich z.B. folgende Symptome:

- Einschränkung der Beweglichkeit des Gelenkes
- Schwierigkeiten zu Beginn der Bewegung
- Gelenkschwellung
- zunehmende Umfangsvermehrung
- knackende Geräusche des Gelenkes
- Verschlechterung der Bewegung bei Kälte oder Nässe
- Myofasziale Beschwerden
- Steife Hüftbewegung

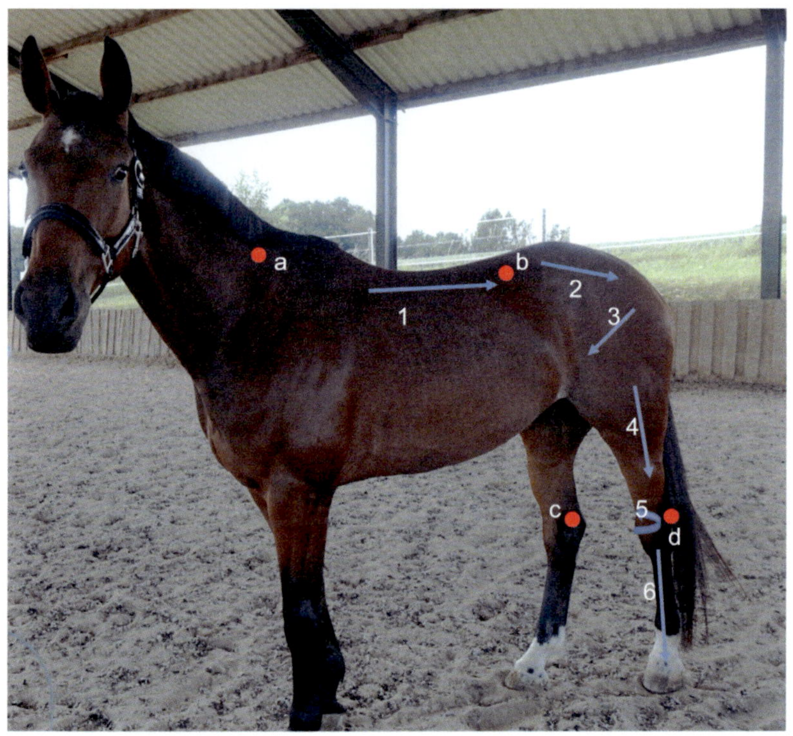

Abbildung 10 Arthrose

Symptombezogener Behandlungsablauf bei Arthrose der Hintergliedmaße mit Programm 4 (Abb.10)

Zuerst den Arbeitsschritt „Aktivieren“ an der linken Körperseite durchführen. Hinter der Schulter beginnen und in Pfeilrichtung am Rücken (1) bis zum Becken entspannend arbeiten. Anschließend das Gewebe an der Kruppe (2), am Oberschenkel (3) und am Unterschenkel (4) bis zum Sprunggelenk und um das Sprunggelenk herum (5) lockern. Danach an der Strecksehne (6) bis zum Kronsaum und an der Innenseite der Gliedmaße weiterarbeiten. Die gegenüberliegende Körperseite in der gleichen Reihenfolge behandeln.

Unterstützende Maßnahmen

An den Regulationspunkten (rot) vor der Schulter (a), kurz vor dem Hüfthöcker (b), im inneren (c) und äußeren (d) Winkel des Fersenbeines die Spitze des Schwingkopfes ca. 20 Sekunden rotieren lassen.

Äußerliche Anwendungen

Im Akutfall (Arthritis) helfen kühlende Umschläge mit Arnika oder Beinwell, die Entzündungs- und Schmerzzustände zu lindern bzw. zu verbessern.

Bei chronischen Beschwerden verwende ich in meiner Praxis spezielle Bandagen, die die Körperwärme reflektieren und empfehle das Wärmen der Nierenregion bei kalten Temperaturen.

Das Bandagieren der Pferdebeine über einen längeren Zeitraum sollte vermieden werden, da dies Sehnen und Bänder zusätzlich schädigen und auch die Durchblutung im erkrankten Gelenk behindern kann.

Im Vordergrund der Behandlung steht die Lockerung der Muskulatur, denn diese ermöglicht eine stoßdämpfende Wirkung auf das Gelenk und eine Stabilisierung des degenerativen Prozesses. Besonders wichtig ist aber die regelmäßige, kontrollierte Bewegung des Pferdes, denn nur diese kann die Durchblutung und Versorgung des Knorpels mit Nährstoffen gewährleisten.

Kräuterempfehlung

Weidenrinde als Kaltauszug und Grobschnitt sowie Teufelskralle und Ingwer helfen, entzündliche Prozesse und Schmerzen zu lindern. Brennnessel und Solidago unterstützen die Ausleitung, Ginkgo fördert und verbessert die

Durchblutung und Rosskastanie wirkt antiödematös und hilft Schwellungen zu reduzieren.

> Die Dosierung und Dauer der Anwendung muss auf die jeweilig vorliegende Problematik und Konstitution des Pferdes abgestimmt werden.

Chronische Bronchitis

Atemwegserkrankungen und die daraus entstehende chronische Bronchitis oder auch das „Asthma", sind häufig vorkommende Erkrankungen des Pferdes. Die Ursache kann z.B. unzureichende Frischluftzufuhr im Stall, Allergien, Schimmelpilze im Heu, Pollen, aber auch emotionaler Stress sein. Eine Atemwegserkrankung wird als chronisch bezeichnet, wenn der Husten über mehrere Monate anhält und auch in den darauffolgenden Jahren vorkommt. Durch die ständige Beanspruchung der Bauchmuskulatur bei schwerer Atemnot magern die Tiere ab und es entsteht die sog. „Dampfrinne".

Bei chronischer Bronchitis treten z.B. folgende Symptome auf:

- keuchende oder röchelnde Atmung
- vermehrte Bauchatmung
- sinkende Belastbarkeit
- Flatulenz beim Husten

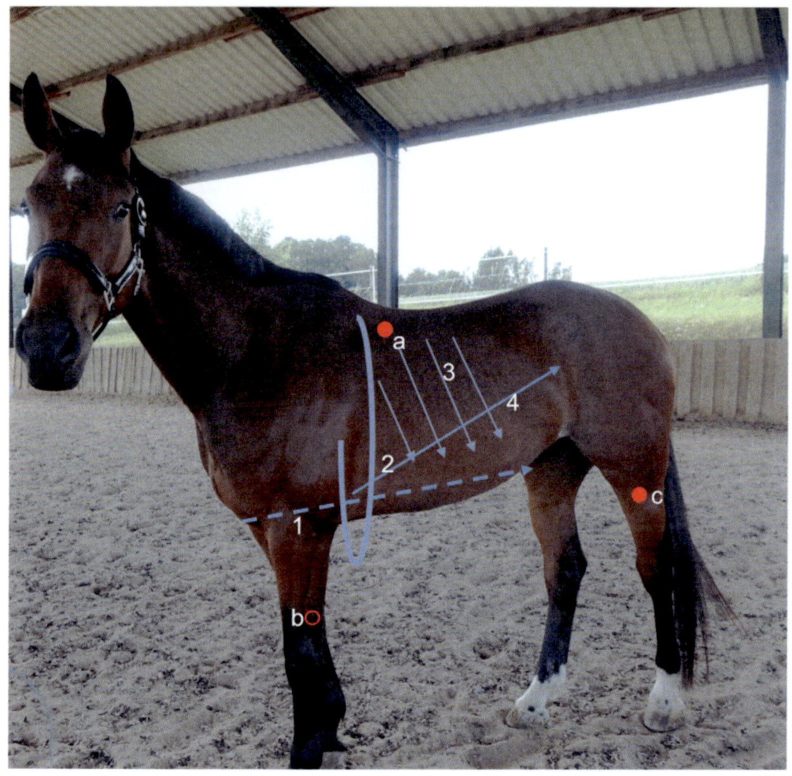

Abbildung 11 Chronische Bronchitis

Symptombezogener Behandlungsablauf bei chronischer Bronchitis mit Frequenz 16 Hz (Abb.11)

Zuerst den Arbeitsschritt „Aktivieren" an der linken Körperseite durchführen. Dann das Gewebe von der Brust bis zum Nabel (1) um den „Brustgürtel" (2) und der Rippenzwischenräume (3) lockern. Abschließend den Bereich am seitlichen Abdomen (4) in Pfeilrichtung behandeln. Die Anwendung an der rechten Körperseite wiederholen und bei Vorliegen einer „Dampfrinne" an dieser Struktur entspannend arbeiten.

Unterstützende Maßnahmen

An den Regulationspunkten (rot) hinter dem Schulterrand (a), innen in der Höhe des Erbsenbeines am Vorderbein (b) und in der Mitte des Unterschenkels (c) die Spitze des Schwingkopfes ca. 20 Sekunden rotieren lassen.

Äußere Anwendungen

Ein noch warm um den „Brustgürtel" des Pferdes gelegter Wickel aus Kartoffeln, die mit Schale gekocht wurden, hilft, den zähen Schleim zu verflüssigen. Dies sollte **vor** der NeuroStim® Anwendung erfolgen, die dann noch effektiver wirken kann.

Bei vorliegenden Herzerkrankungen, fieberhaften Infekten und Entzündungen **keine** wärmenden Auflagen oder Wickel anwenden!

Ein wichtiger Aspekt bei der Behandlung ist die Unterbringung des Tieres mit ausreichend Frischluftzufuhr und die Fütterung von bewässertem Heu. In meiner Praxis hat sich die NeuroStim® Anwendung in Kombination mit Akupunktur bewährt.

Kräuterempfehlung

Thymian wirkt antibakteriell, schleimlösend und entzündungshemmend und wird bei akuter und chronischer Bronchitis eingesetzt. Ebenfalls hilfreich sind Viola, Primel, Efeu, Eukalyptus und das Lungenkraut.

In besonders schwierigen Fällen hilft zusätzlich Weihrauch und die Durchführung einer Inhalationstherapie.

Hahnentritt

Diese Erkrankung kann durch eine Störung oder Schädigung der Nerven ausgelöst werden. Davon sind die Hintergliedmaßen des Pferdes betroffen, die „unkontrolliert“ angehoben und mit einem lauten Stampfen aufgesetzt werden. Die Problematik tritt meist nur im Schritt auf und ist in schnelleren Gangarten normalerweise nicht mehr sichtbar.

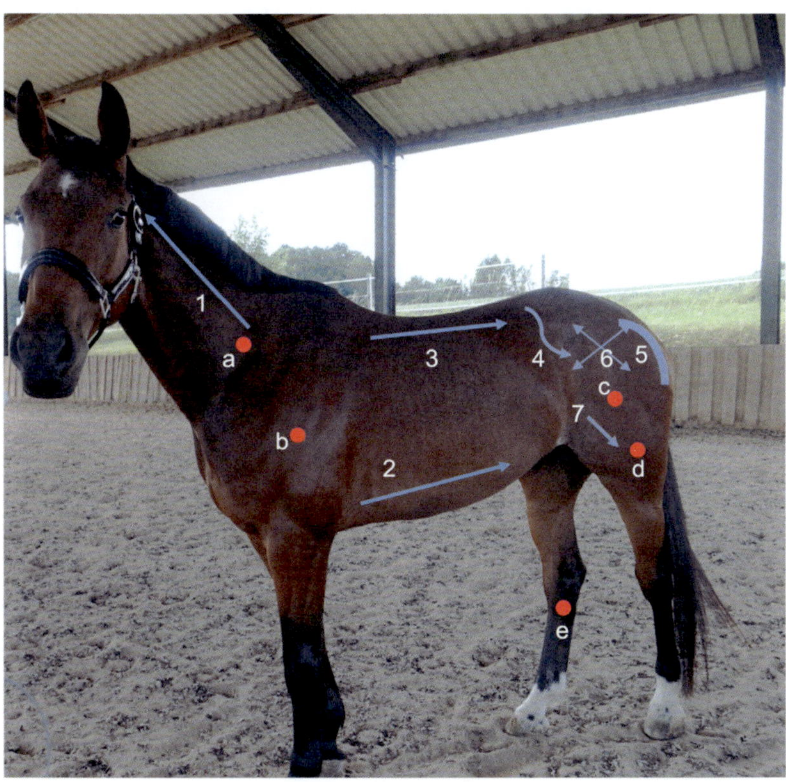

Abbildung 12 Hahnentritt

Symptombezogener Behandlungsablauf bei Hahnentritt mit Programm 4 (Abb.12)

Zuerst den Arbeitsschritt „Aktivieren“ an der linken Körperseite durchführen. Danach das Gewebe am Hals (1), am Bauch (2) und am Rücken (3) lockern. Den Bereich an der Hüfte (4) großflächig bearbeiten und die lange Sitzbeinmuskulatur (5) innen und außen am Hinterbein im Muskelverlauf behandeln. Abschließend mit Programm 5 am Bereich der Kruppe (6) und des Oberschenkels (7) arbeiten. Die Anwendung an der gegenüberliegenden Körperseite in der gleichen Reihenfolge wiederholen.

Vorliegende Verspannungen oder Elastizitätsverlust des Gewebes in die Behandlung einbeziehen.

Unterstützende Maßnahmen

An den Regulationspunkten (rot) vor dem Schulterbatt (a), am Oberarm (b), am Oberschenkel (c), seitlich am Knie (d) und innen am Röhrbein (e) die Spitze des Schwingkopfes ca. 20 Sekunden rotieren lassen.

Kräuterempfehlung

Mariendistel unterstützt die Leber, die bei einer Funktionsstörung oder Überforderung auch neurologische Störungen, Zittern, Spasmen oder Muskelschwund verursachen kann. Ginkgo verbessert die Durchblutung und die Sauerstoffversorgung des Gewebes, Ginseng wirkt regulierend auf das zentrale Nervensystem.

Hufrehe

Diese schmerzhafte Erkrankung des Pferdhufes wird auch als Hufledlerhautentzündung bezeichnet. Die bekannteste Form der Hufrehe ist die Futterrehe, die durch zu viel Kohlenhydrataufnahme verursacht wird. Rehegefahr besteht hauptsächlich bei Nachtfrost und darauffolgendem Sonnenschein, da hier der Fructangehalt im Weidegras extrem hoch ist. Andere Reheursachen können z.B. Östrusstörungen, Mikrotraumata der Lederhaut, kaltes Trinken im erhitzten Zustand, Arzneimittel (Cortison), Nachgeburtsverhalten, Transport/Stress, oder eine Stoffwechselstörung, wie z.B. das Equine Cushingsyndrom sein.

Bei Hufrehe zeigen sich z.B. folgende Symptome:

- „Sägebock"-artige Stellung (Stellen der Beine unter den Bauch)
- hochgradige Lahmheit
- starkes Pulsieren im Hufbereich
- Kolikartige Symptome
- starke Schmerzen (aufgeblähte Nüstern, vermehrte Atmung, Schwitzen)

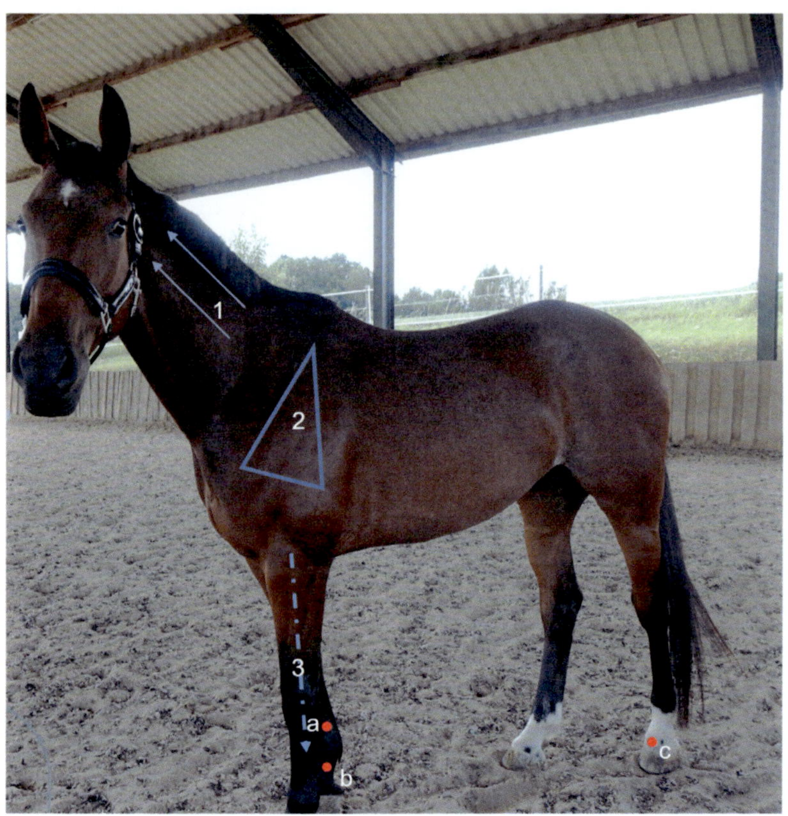

Abbildung 13 Hufrehe

Symptombezogener Behandlungsablauf bei Hufrehe der Vordergliedmaßen mit Programm 3 (Abb.13)

Den Arbeitsschritt „Aktivieren" an der linken Körperseite durchführen. Im Bereich vor der Schulter beginnen und das Gewebe am Hals (1) und am Schulterblatt (2) großflächig lockern. An der vorderen Extremität (3) bis zum Huf und direkt auf dem Kronsaum arbeiten. Danach die Behandlung an der gegenüberliegenden Körperseite in der gleichen Reihenfolge (1-3) wiederholen. Während der gesamten Anwendung, die Spitze des Schwingkopfes in Lymphabflussrichtung (zur Achsel) eindrehen.

Achten Sie auf ein langsames Arbeitstempo, da diese Vorgehensweise den Lymphfluss besser unterstützt.

Ist auch die Hintergliedmaße betroffen, den gesamten Ober- und Unterschenkelbereich bis zum Kronsaum behandeln und auch hier die Innenseite der Gliedmaße einbeziehen.

Zu Beginn der Erkrankung den Arbeitsschritt „Regulieren" mit Programm 1 jeden zweiten Tag durchführen.

Aufgrund der Schonhaltung sollte regelmäßig die gesamte Muskulatur des Pferdes mit dem NeuroStim® gelockert werden. Dies verbessert den Blutfluss und die optimale Versorgung der erkrankten Bereiche, hilft aber vor allen Dingen zur „Aufhellung" der Psyche bei dieser äußerst schmerzhaften Erkrankung.

Unterstützende Maßnahmen

An den regulierenden Punkten (rot) oberhalb (a) und unterhalb (b) des Fesselgelenkes und in der Mitte des Kronsaumes an der Hintergliedmaße (c) die Spitze des Schwingkopfes 20-30 Sekunden rotieren lassen.

Äußere Anwendungen

Bis zum Eintreffen des Tierarztes die Hufe kühlen, das Futter entziehen und für weichen Untergrund in der Unterkunft des Pferdes sorgen.

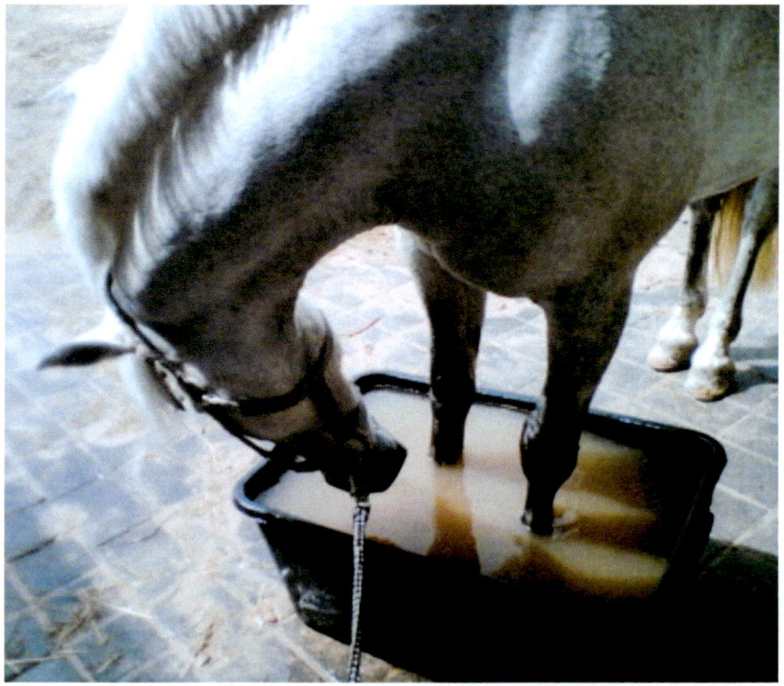

Abbildung 14 Erste Hilfe bei Hufrehe

Kräuterempfehlung

Bei einer Futterrehe neutralisiert Kamille (Tee aus frischen Blüten) die Endotoxine und wirkt entzündungshemmend. Außerdem können Weidenrinde (entzündungshemmend, schmerzstillend), Ginkgo (durchblutungsfördernd), Solidago (Diurese) und Mariendistel (Leberschutz) die Schmerzen und die Entzündung lindern und die Regulation des Stoffwechsels unterstützen.

Hufrollensyndrom

Diese degenerierende Erkrankung des Pferdes kann z.B. durch falsche Stellung der Gliedmaßen, Mikrotraumen und Durchblutungsstörungen im Hufbereich ausgelöst werden. Aber auch eine unnatürliche Körpergröße, Übergewicht, Bewegungsmangel, nicht sachgemäße Hufpflege und oder falsche Fütterung können dafür verantwortlich sein.

Bei einer Erkrankung zeigen sich z.B. folgende Symptome:

- Probleme bei engen Wendungen
- Zehenschleifen
- Abnutzung der Hufspitze
- Belastungsabhängige wiederkehrende Lahmheit
- Spitzenfußung

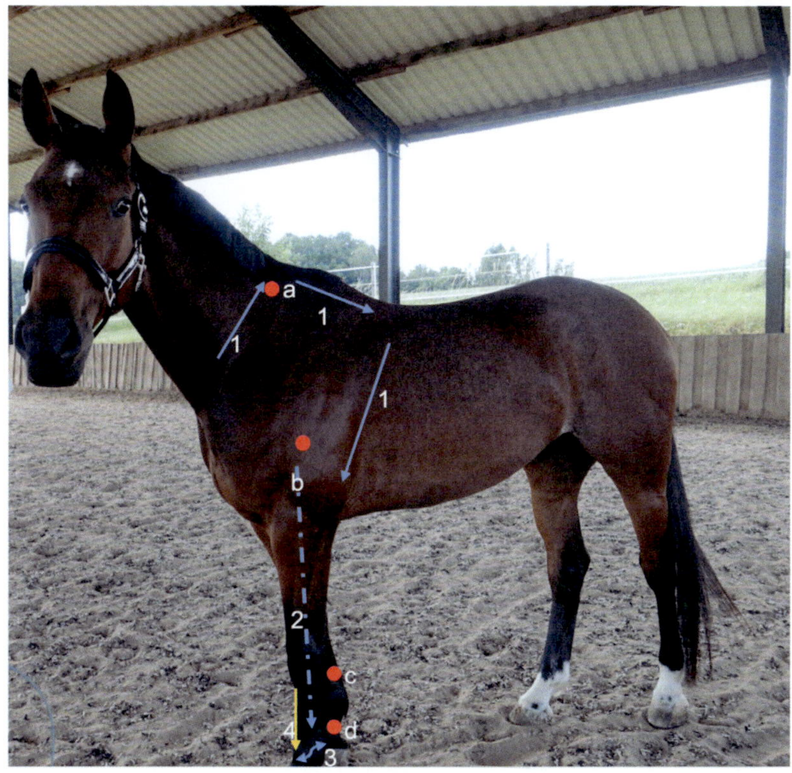

Abbildung 15 Hufrollensyndrom

Symptombezogener Behandlungsablauf bei Hufrollensyndrom der Vordergliedmaße mit Programm 4 (Abb.15)

Zuerst den Arbeitsschritt „Aktivieren" an der linken Körperseite durchführen. Dann um die Schulter herum in Pfeilrichtung (1) das Gewebe lockern und anschließend am Vorderbein (2) bis zum Fesselgelenk arbeiten. Unterhalb des Fesselgelenkes (3), um das Gelenk herum und an der Strecksehne (4) bis zum Huf weiterbehandeln. Die Anwendung in der gleichen Reihenfolge (1-4) an der gegenüberliegenden Körperseite wiederholen.

Unterstützende Maßnahmen

An den regulierenden Punkten (rot) kurz vor der Schulter (a), am Oberarm (b) und oberhalb (c) und unterhalb (d) des Fesselgelenkes die Spitze des Schwingkopfes ca. 20 Sekunden rotieren lassen.

Kräuterempfehlung

Weidenrinde als Kaltauszug und zusätzlich einmal täglich als Grobschnitt verabreicht, lindert die Entzündungs- und Schmerzzustände. Eine Kräuterkur mit Solidago, Rosskastanie, Ginkgo und Weihrauch hilft die Erkrankung zu stabilisieren und rezidivierende Lahmheiten zu vermindern.

In meiner Praxis haben sich Haifischknorpel in homöopathischer Potenz, die Fütterung von Hanf und das Anbringen eines orthopädischen Beschlages bei degenerativen Prozessen von Gelenken und zur Stabilisation bei der Hufrollenerkrankung bewährt.

Kolik im Frühstadium

Eine Kolik stellt immer einen Notfall dar und es muss ein Tierarzt verständigt werden!

Die Ursachen einer Kolik können z.B. durch blähendes Futter, frisch gemähtes Gras, verschimmeltes Heu, Wetterwechsel, Erkrankungen des Bewegungsapparates und Wasser- oder Futtermangel ausgelöst werden. Das Fressen von Erde oder Sand verursacht meist Verstopfungskoliken, die aber auch durch Bewegungsmangel entstehen können. Ferner können auch Infektionskrankheiten, Magenprobleme, Schlund- und Herzerkrankungen, Probleme beim Harnabsatz und auch Verspannungen der Rückenmuskulatur für kolikartige Symptome sorgen.

Folgende Symptome können zu Beginn einer Kolik auftreten:

- häufiges Umdrehen zum Bauch
- Scharren und Unruhe
- Schwitzen ohne ersichtlichen Grund
- Schlagen mit den Hinterbeinen zum Bauch
- Stöhnen, eingezogene Nüstern und ein „Schmerzgesicht“
- Fieber

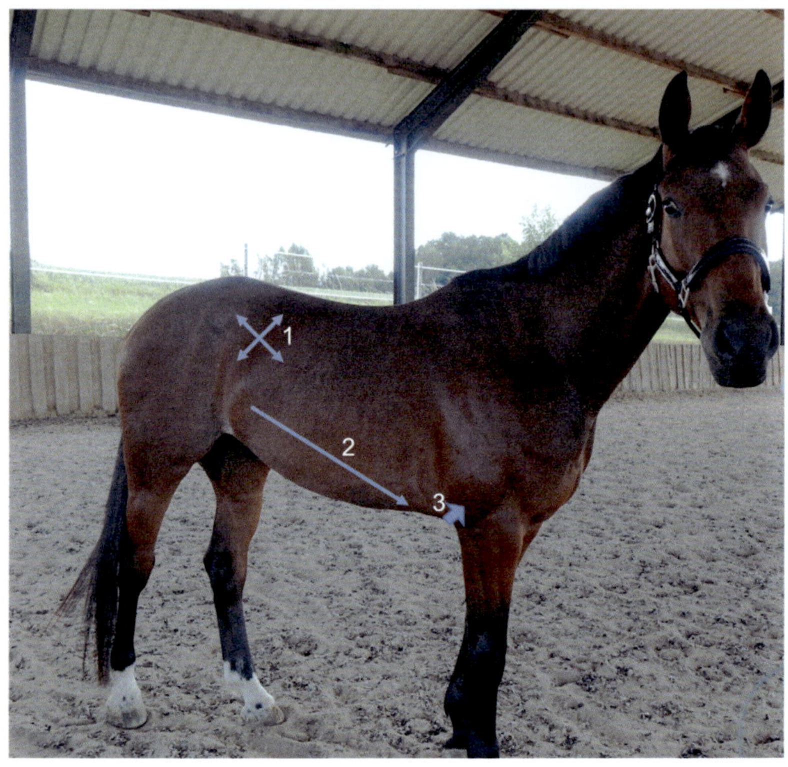

Abbildung 16 Kolik (rechte Seite)

Symptombezogener Behandlungsablauf bei Kolik im Frühstadium (rechte Körperseite, Abb.16) mit Frequenz 12 Hz

Zuerst den Arbeitsschritt „Aktivieren" an der linken Körperseite durchführen. Dann an der rechten Hüftregion (1) das Gewebe großflächig bearbeiten. Dies wirkt harmonisierend auf die Darmmotorik und entkrampfend bei Darmproblemen und Koliken. Danach am seitlichen Abdomen (2) in Pfeilrichtung bis zum Brustbein (3) entspannend arbeiten und von dort aus an der linken Körperseite weiterbehandeln (Abb.17)

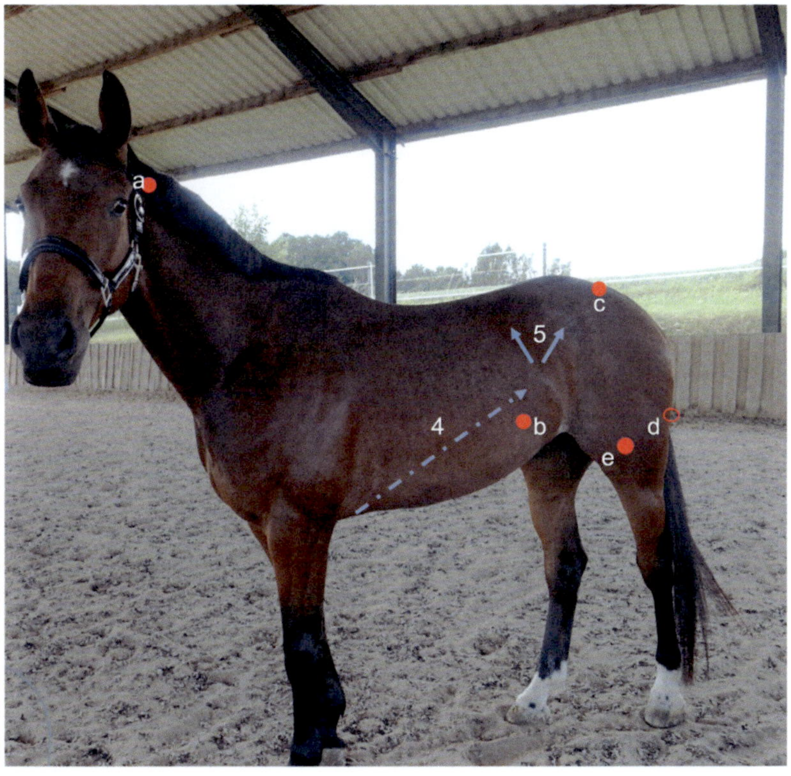

Abbildung 17 Kolik (linke Seite)

Symptombezogener Behandlungsablauf Kolik im Frühstadium (linke Körperseite, Abb.17) mit Frequenz 12 Hz

An der seitlichen Bauchwand (4) bis zum Becken in Pfeilrichtung arbeiten und anschließend das Gewebe vor dem Hüfthöcker (5) großflächig lockern. Danach vorsichtig und im langsamen Tempo direkt an der Bauchdecke arbeiten und auch die Rückenlinie entspannen.

Die Behandlungsabfolge und die Dauer der Anwendung richten sich immer nach den vorliegenden Symptomen und der Reaktion des Tieres! Bei Abwehrverhalten sollte die Anwendung sofort beendet werden!

Unterstützende Maßnahmen

An den Regulationspunkten (rot) am Hals in Höhe des Atlas (a), an der seitlichen Bauchwand (b), rechts und links neben der Schweifrübe (c), unterhalb der Sitzbeinhöcker (d) und seitlich am Knie (e) die Spitze des Schwingkopfes ca. 20-30 Sekunden rotieren lassen.

Die Regulationspunkte an der Schweifrübe wirken entkrampfend, unterstützen den „Windabgang“ bei Blähungskolik und können die Beschwerden bis zum Eintreffen des Tierarztes lindern. Die Stimulation am Abdomen in Richtung des Rektums kann die Peristaltik fördern.

Kräuterempfehlung

Anis und Fenchel helfen bei Blähungen, Kamille und Pfefferminze wirken regulierend auf den Magen-Darmtrakt. Kräuter mit Gerbstoffen festigen die Darmschleimhaut und verhindern die Resorption von Giftstoffen.

Zur Nachbehandlung können Leinsamen, Mash und auch Fermentgetreide zur Regeneration des Darmes gefüttert werden.

Mauke

Diese schmerzhafte Hauterkrankung befindet sich meist in der Fesselbeuge und wird auch als „Fesselekzem“ bezeichnet.

Häufig ist ein geschwächtes Immunsystem der Auslöser aber auch das Galoppieren im Stoppelfeld, ohne die Pferdebeine gegen Verletzungen zu schützen, zu häufiges Abspritzen der Beine, falsche Ernährung oder Verletzungen beim Scheren können die Entstehung von Mauke begünstigen.

Symptome bei Mauke können z.B. sein:

- heftiger Juckreiz (häufiges Stampfen)
- aufgesprungene, nässende Hautbezirke
- Haarausfall
- Krustenbildung
- stinkende, schmierige Absonderungen
- Lahmheit

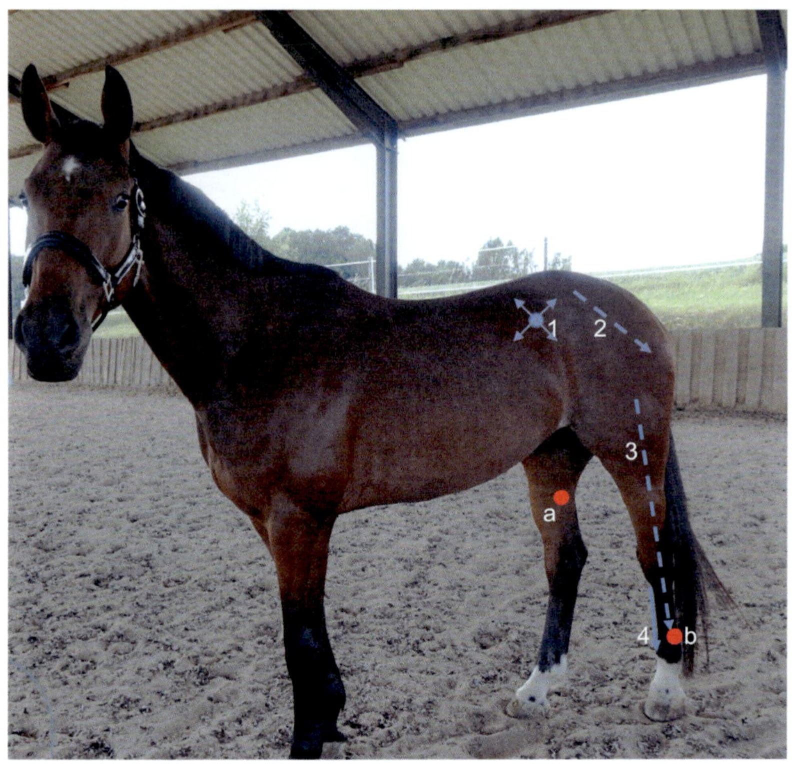

Abbildung 18 Mauke

Symptombezogener Behandlungsablauf bei Mauke der Hintergliedmaße mit Frequenz 16 Hz (Abb.18)

Zuerst den Arbeitsschritt „Aktivieren" an der linken Körperseite durchführen und den Bereich am Hüfthöcker (1) großflächig lockern. Anschließend den Kruppenbereich (2) und die Hintergliedmaße (3) bis zum erkrankten Gewebe, nicht direkt darauf, bearbeiten. Danach den Bereich der Strecksehne (4) lockern.

Es sollte nicht unterhalb des geschädigten Gewebes weiterbehandelt werden, da dies den Druck im Gewebe, die Schwellung und die Schmerzen erhöhen könnte. Abschließend die Behandlung an der Innenseite wiederholen und die gegenüberliegende Gliedmaße in der gleichen Reihenfolge (1-4) bearbeiten. Den Arbeitsschritt „Regulieren" zweimal pro Woche durchführen.

Unterstützende Maßnahmen

An den Regulationspunkten (rot) innen am Unterschenkel (a) und oberhalb des Fesselgelenkes (b) die Spitze des Schwingkopfes ca. 20 Sekunden rotieren lassen.

Äußerliche Anwendungen

Nässende Ekzeme und Entzündungen sollten mit feuchten Umschlägen behandelt und nicht mit Salbe oder Puder abgedeckt werden. Hierfür eignen sich Auflagen aus Eichenrinde oder Bittersüß, die entzündungshemmend und juckreizstillend wirken.

Die Absonderungen sollten nicht unterdrückt werden, da dies ein Zeichen ist, dass die Stoffwechselorgane und das Lymphgefäßsystem überfordert sind und der Körper angestaute Giftstoffe über die Haut abtransportiert.

Kräuterempfehlung

Zur Unterstützung der Leber und Nieren, die für den Ausleitungsprozess zuständig sind, helfen Mariendistel und Solidago, die kurmäßig verabreicht werden. Aber auch Artischocke, Brennnessel, Hagebutte, Weidenrinde und Wacholder können beim Abheilen helfen und der Löwenzahn die Entgiftung effektiv begleiten.

Myofasziale Beschwerden und Schmerzzustände

Der Begriff „Myofaszial" beschreibt die Einheit von Muskeln und Faszien, die gemeinsam für eine geschmeidige Bewegung sorgen, aber unabhängig voneinander unterschiedliche Funktionen im Organismus erfüllen. Die Faszien dienen nicht nur als Hülle der Muskulatur, denn sie „vernetzen" den gesamten Organismus, haben Einfluss auf Knochen, Gelenke, Bänder sowie Organe und sind auch an der Informationsweiterleitung zum Gehirn beteiligt. Die Skelettmuskulatur sorgt nicht nur für Bewegung und stellt den Stütz- und Halteapparat des Körpers dar, sondern ist, wie bereits ausführlich erklärt, der „Taktgeber" der Mikrozirkulation, die für eine gesunde Zellumgebung mitverantwortlich ist. Die Faszien und auch die Muskulatur sind direkt und indirekt an den physiologischen Abläufen des Körpers beteiligt, und so wird verständlich, dass es bei Einschränkungen der myofaszialen Strukturen zu Symptomen und Erkrankungen im gesamten Organismus kommen kann. Selbst für die Entstehung von emotionalen Auffälligkeiten können myofasziale Schmerzzustände die Ursache sein, denn ständige äußere Verspannung verursacht innere Anspannung, die sich z.B. durch Unruhe, Aggression, plötzliche Panikreaktionen oder Zwangsbewegungen äußern kann. Probleme der Muskulatur sorgen nicht nur für Einschränkungen und Schmerzen des Bewegungsapparates, es können auch Bewegungsunlust, „Arbeitsverweigerung" oder ein apathisches Verhalten des Pferdes daraus entstehen. In den meisten Fällen werden myofasziale Beschwerden jedoch durch unpassende Ausrüstung (wie z.B. Sattel, Trense, Gebiss, Zügel, Satteldecken, Schweifriemen, Sporen, Gerten und Bandagen), falsche Reitweise und falsche Haltung (Herdenstress oder Isolierung) ausgelöst. Dadurch wird langfristig die Durchblutung und Versorgung des Gewebes bzw. der Muskeln und Faszien vermindert und es können Schäden an den in der Peripherie gelegenen Sehnen oder Gelenken entstehen. Dies alles lässt sich durch rechtzeitiges Behandeln von „oberen" Verspannungen vermeiden.

Die Behandlungsabläufe zum Lösen von myofaszialen Beschwerden habe ich in Körperregionen unterteilt, d.h. Hals-und Schulterbereich, Bauchbereich und Rückenbereich. Die Anwendung kann an den einzelnen Regionen aber auch in einem Arbeitsablauf, je nach vorliegender Problematik, durchgeführt werden. Die Arbeitsrichtung kann im Muskelverlauf, entgegengesetzt oder quer zur Faser erfolgen. Dies sollte vor jeder Anwendung individuell auf die vorliegenden Symptome oder den Gewebetonus abgestimmt werden.

Ein wichtiger Hinweis auf Störungen der myofaszialen Strukturen ist das reflexartige Zittern des Gewebes, wenn Druck auf die Muskulatur ausgeübt wird. In besonders „gestressten" Regionen lässt sich diese Reaktion schon durch den „Körperscan" auslösen.

Myofasziale Beschwerden im Hals-und Schulterbereich

Bei Problemen der Muskeln und Faszien im Hals- und Schulterbereich zeigen sich z.B. folgende Symptome:

- Einknicken oder Stolpern bei Bewegung
- Muskelzittern bei Berührung
- Zähneknirschen
- verminderte Halsbiegung
- Taktstörungen
- Vorführphase der Gliedmaße verkürzt
- schlechte Verschiebbarkeit des Gewebes im Halsbereich
- Wärme oder Kälte bestimmter Areal
- Verhärtungen oder Einziehungen an der Muskulatur der Halsregion

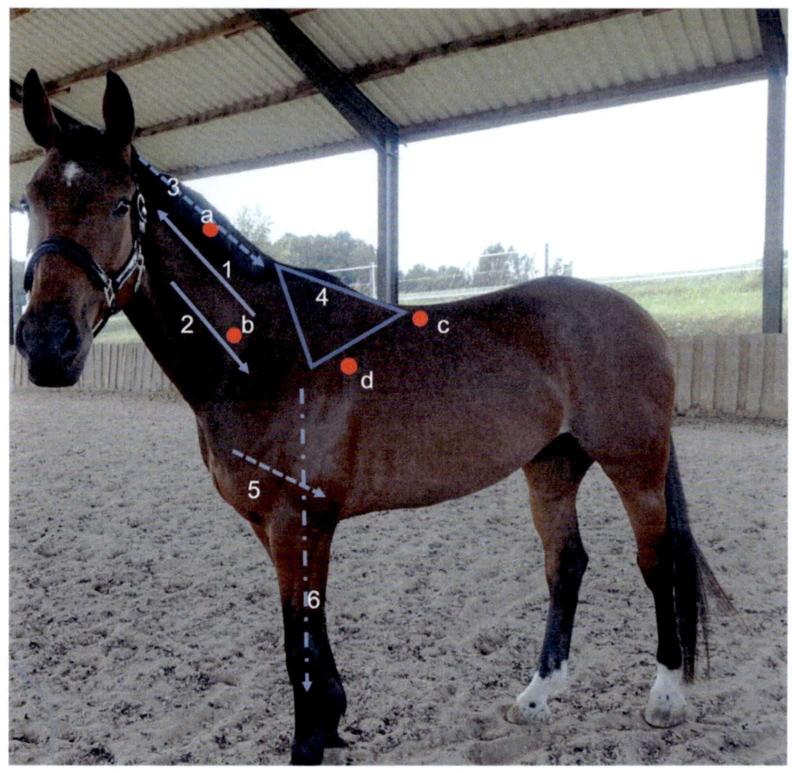

Abbildung 19 Hals-Schulterbereich

Symptombezogener Behandlungsablauf zum Lösen von myofaszialen Beschwerden im Hals- und Schulterbereich mit Frequenz 16 Hz (Abb.19)

Zuerst den Arbeitsschritt „Aktivieren“ an der linken Körperseite durchführen. Danach das Gewebe am Hals in Pfeilrichtung (1) und in entgegengesetzter Richtung (2) großflächig lockern. So kann sich das Pferd langsam an die Frequenzverteilung gewöhnen. Am Nackenband (3), im Schulter- (4) und am Oberarmbereich (5) entspannend arbeiten. Danach vom Schulterblatt aus die vordere Gliedmaße (6) bis zum Kronsaum bearbeiten. Das Gewebe an der Innenseite der Gliedmaße lockern und die Anwendung an der gegenüberliegenden Körperseite wiederholen.

Unterstützende Maßnahmen

An den Regulationspunkten (rot) am Nackenband (a), am Hals kurz vor der Schulter (b), im Rückenbereich am Ansatzpunkt des M. trapezius (c) und in der Vertiefung an der Schulterblattgräte (d) die Spitze des Schwingkopfes ca. 20-30 Sekunden rotieren lassen.

Myofasziale Beschwerden im Bauchbereich

Bei Problemen der Bauchmuskulatur und der angrenzenden Strukturen zeigen sich z.B. folgende Symptome:

- Abwehrverhalten beim Putzen im Bauchbereich
- Muskelzittern bei Berührung
- schlechte Verschiebbarkeit des Gewebes im Bauchbereich
- Wärme oder Kälte bestimmter Areal
- Schlagen nach dem Schenkel
- Magenprobleme
- abgeflachte Atmung
- Husten
- Appetitlosigkeit/Magenbeschwerden
- Leistungsschwäche
- Verhaltensauffälligkeiten

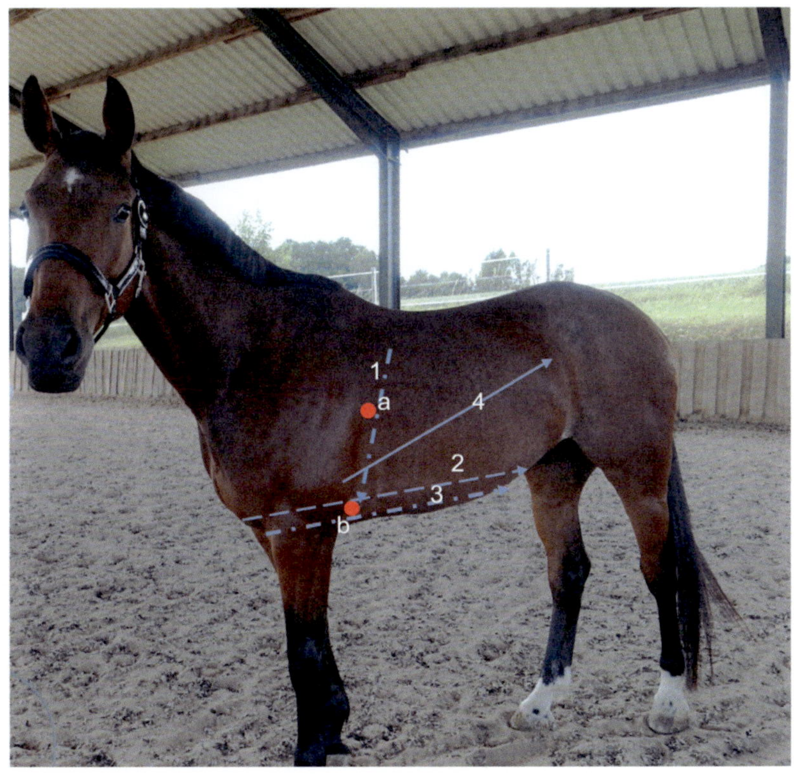

Abbildung 20 Bauchbereich

Symptombezogener Behandlungsablauf zum Lösen von myofaszialen Beschwerden im Bauchbereich mit Frequenz 16 Hz (Abb.20)

Zuerst den Arbeitsschritt „Aktivieren" an der linken Körperseite durchführen. Dann den Bereich der Sattelgurtlage (1), das Gewebe am Bauch (2) und direkt auf der

„Mittellinie" (3) lockern. Abschließend am seitlichen Abdomen in Pfeilrichtung (4) bis zum Hüfthöcker arbeiten. Dies an der gegenüberliegenden Körperseite wiederholen.

Unterstützende Maßnahmen

An den Regulationspunkten (rot) in der Sattelblattlage (a) und am seitlichen Abdomen neben dem Ellenbogen (b) die Spitze des Schwingkopfes 20-30 Sekunden rotieren lassen.

Myofasziale Beschwerden im Rückenbereich

Bei Problemen der Rückenmuskulatur und der angrenzenden Strukturen zeigen sich z.B. folgende Symptome:

- Schlurfender Gang
- Wegdrücken des Rückens bei Berührung
- Wärme oder Kälte bestimmter Areale
- ungleichmäßiges Ablaufen der Hufe
- Fellveränderungen durch Minderdurchblutung
- Kolikartige Symptome
- Buckeln, Steigen, Verweigern, Ausschlagen
- Rossestörungen
- Probleme beim Schmied
- Steifheit
- Zehenschleifen
- Schweifschlagen

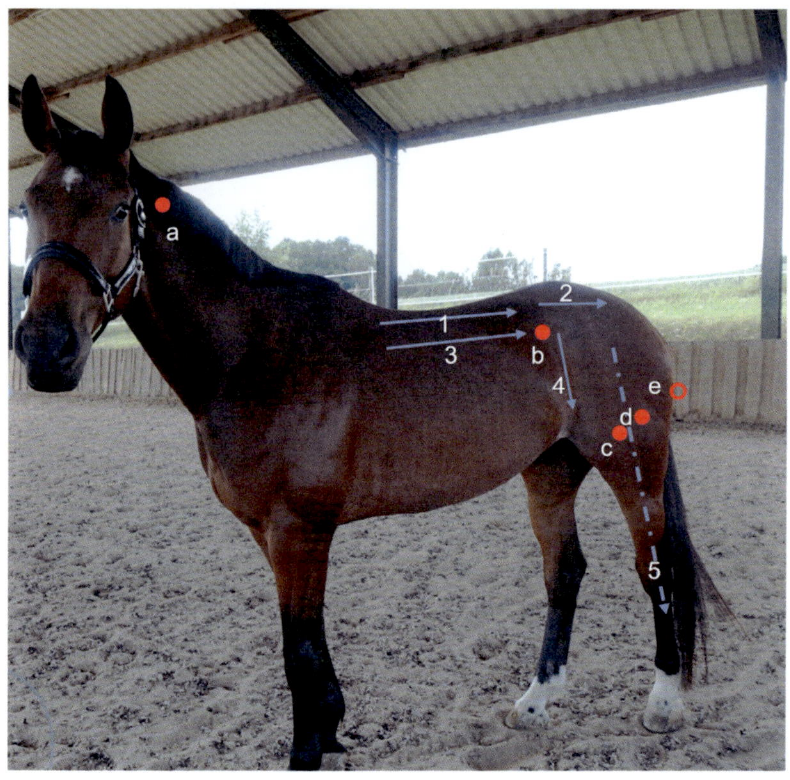

Abbildung 21 Rückenbereich

Symptombezogener Behandlungsablauf zum Lösen von myofaszialen Beschwerden im Rückenbereich mit Frequenz 16 Hz (Abb.21)

Zuerst den Arbeitsschritt „Aktivieren" an der linken Körperseite durchführen. Hinter der Schulter beginnen und das Gewebe am Rücken (1) an der Kruppe (2) und am unteren Bereich des Rückens (3) lockern. Seitlich am Hüfthöcker in Richtung Knie (4) und bis zum Huf (5) weiterarbeiten. Die Anwendung an der gegenüberliegenden Körperseite wiederholen.

Das Lösen von myofaszialen Beschwerden der Rückenregion kann auch Störungen des Magen-Darmtraktes und gynäkologischen Probleme regulieren.

Unterstützende Maßnahmen

An den Regulationspunkten (rot) in Höhe des Atlas (a), am Hüfthöcker (b), seitlich am Knie (c), am Oberschenkel (d) und direkt unterhalb der Sitzbeinhöcker (e) die Spitze des Schwingkopfes 20-30 Sekunden rotieren lassen.

Äußere Anwendungen

Bei Schmerzzuständen der myofaszialen Strukturen helfen feuchtwarme Auflagen oder Umschläge. Bei Problemen im Rückenbereich legt man Moor-, Kirschkern- oder Heizkissen im Nierenbereich auf. Besonders wirksam sind feuchte Wärmepackungen (z.B. aus Kartoffeln). Diese werden mit Schale gekocht, in ein Leintuch gewickelt und nach leichter Abkühlung auf den schmerzhaften Bereich aufgelegt. Die feuchte Wärme und die Wirkstoffe aus der Kartoffelschale lösen Verspannungen, lindern Schmerzen, erhöhen die Elastizität des Gewebes und dringen tiefer in das Gewebe ein als trockene Wärme.

Wärmebehandlungen dürfen nicht bei akuten Entzündungen, Trächtigkeit, Herz-Kreislaufproblemen, kardial bedingten Ödemen, Tumoren und Fieber angewandt werden!

Kräuterempfehlung

Bei Schmerzen und Entzündungen helfen Weidenrinde, Stiefmütterchen und Mädesüß. Die Brennnessel oder die Goldrute unterstützen die Ausleitung von Abfallprodukten, die durch den Entzündungsprozess entstanden sind.

Bei der Behandlung von myofaszialen Beschwerden können die nachfolgend aufgeführten Regulationspunkte die Anwendung effektiv unterstützen.

Regulationspunkte

Diese Punkte vergleiche ich gerne mit einem Lichtschalter. Sie „knipsen" die Energie an und können die Frequenzübertragung, das Lösen von Blockaden, von Spannungszuständen des Gewebes und von Verspannungen der Muskulatur beschleunigen. Die Regulationspunkte ermöglichen es, Störfaktoren aufzuheben, die eine Weiterleitung des gesunden Schwingungsmusters der Skelettmuskulatur bzw. der zu übertragenen Frequenzen behindern. Ferner wirken sie harmonisierend auf in der Nähe liegende Akupunktur-und Stresspunkte, entspannend auf umliegende Körperregionen und auf eine bessere Versorgung der Gelenke.

Ich habe in der nachfolgenden Beschreibung und auch bei den einzelnen Behandlungsabläufen bewusst darauf verzichtet, die Regulationspunkte anatomisch zu beschreiben. Es muss hier auch nicht „punktgenau" gearbeitet werden, da die Frequenzübertragung bzw. die Vibration des NeuroStim® in die Umgebung wirkt und die Punkte auch nicht in unmittelbarer Nähe des Problembereichs liegen. Das Auffinden der Regulationspunkte ist auch keine unlösbare Aufgabe, denn diese fühlen sich wie kleine Dellen oder Vertiefungen im Gewebe an und es passiert auch, dass die Spitze des Schwingkopfes während der Behandlung automatisch in diese Punkte „fällt". Bei der Anwendung wähle ich die Frequenz 10 Hz oder 16 Hz (je nach Reaktion des Gewebes und des Tieres), lasse die Spitze dort ca. 20-30 Sekunden rotieren und lege auch hier die freie Hand in einer etwas entfernt liegenden Körperregion auf.

Bitte achten Sie darauf, dass an knöchernen Strukturen nicht mit der Spitze des Schwingkopfes des NeuroStim® Gerätes gearbeitet wird!

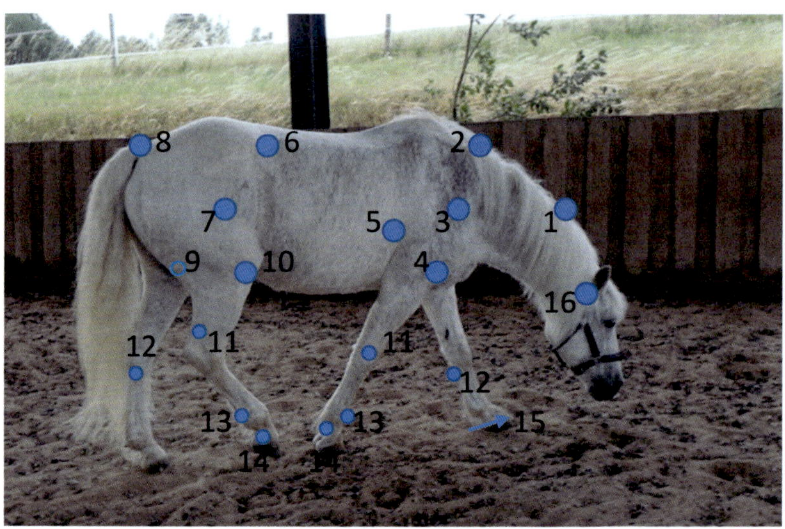

Abbildung 22 Regulationspunkte

Regulationspunkt 1

Liegt direkt auf dem Nackenband

Löst Verteilungsblockaden der oberen Halsmuskulatur und entspannt das Nackenband

Regulationspunkt 2

Liegt direkt auf dem Nackenband

Löst Verteilungsblockaden der unteren Halsmuskulatur und lockert das Rückenband

Regulationspunkt 3

Liegt an der Schulterblattgräte

Löst Verteilungsblockaden des Schultergürtels und entspannt den „passiven" Stehapparat

Regulationspunkt 4

Liegt am Unterarm

Löst Verteilungsblockaden der Ober- und Unterarmmuskulatur und wirkt entspannend auf die Armbeuger und Zehenstrecker

Regulationspunkt 5

Liegt neben dem M. triceps brachii

Löst Verteilungsblockaden im „Brustgürtel", wirkt entspannend auf den breiten Rückenmuskel, hilft bei Satteldruck, Husten und emotionaler „Anspannung"

Regulationspunkt 6

Liegt kurz vor dem Hüfthöcker

Löst Verteilungsblockaden im Hüftbereich, wirkt entspannend auf den mittleren Rücken und verbessert die Aufwölbung des Rückens

Regulationspunkt 7

Liegt am Oberschenkel

Löst Verteilungsblockaden der Kruppenmuskulatur und wirkt entspannend auf den hinteren Rücken

Regulationspunkt 8

Liegt direkt auf der Schweifwurzel

Löst Verteilungsblockaden der gesamten Rückenlinie, entspannt die Hinterhand und unterstützt das Abkippen des Beckens

Regulationspunkt 9

Liegt am Ende der Sitzbeinmuskulatur

Löst Verteilungsblockaden der langen Sitzbeinmuskulatur, wirkt bei Knieproblemen und verbessert die Hüftbeugung

Regulationspunkt 10

Liegt unterhalb am Knie

Löst Verteilungsblockaden der Kruppenmuskulatur und verbessert die Bewegung der Hinterhand

Regulationspunkt 11

(Vorder-und Hintergliedmaße)

Liegt oberhalb vom Karpal- und Sprunggelenk

Löst Verteilungsblockaden am Vorderbein oder Hinterbein und verbessert die Durchblutung und Versorgung des Gelenkes

Regulationspunkt 12

(Vorder-und Hintergliedmaße)

Liegt unterhalb der Innenknöchel

Löst Verteilungsblockaden am Röhrbein und wirkt regenerierend und entspannend auf die Sehnen und den Fesseltragapparat

Regulationspunkt 13

(Vorder-und Hintergliedmaße)

Liegt oberhalb der Fesselgelenke

Löst Verteilungsblockaden bis zum Huf, verbessert die Durchblutung und Versorgung des Fesselgelenkes und hilft bei Fesselringbandproblematik

Regulationspunkt 14

(Vorder-und Hintergliedmaße)

Liegt unterhalb der Fesselgelenke

Löst Verteilungsblockaden im Huf und wirkt unterstützend bei Hufrollenpathologien und verbessert die Versorgung der knöchernen Strukturen im Huf

Regulationspunkte 15
(Vorder-und Hintergliedmaße, blauer Pfeil)

Liegen direkt auf dem Kronsaum der Hufe

Lösen Verteilungsblockaden im gesamten Hufbereich, verbessern das Hufwachstum und können zur Schmerzlinderung und bei Entzündungen wie z.B. bei Hufrehe, Hufabszessen, Hufrollenerkrankung oder Strahlfäule eingesetzt werden

Regulationspunkt 16

Liegt unterhalb des Ohrengrundes

Löst Verteilungsblockaden im Kopfbereich, entspannt die Kaumuskulatur und verbessert die Durchblutung und Versorgung des Kiefergelenkes.

Diesen Punkt nicht zu Beginn einer Behandlung stimulieren und bei Abwehrverhalten nicht anwenden!

Sehnenverletzungen

Eine dauerhafte Überlastung der Muskulatur des Pferdes, Verletzungen, Konstitutionsschwäche, schlechter Untergrund beim Reiten, Fehlstellungen der Gliedmaßen, muskuläre Verspannungen, aber auch unpassende Ausrüstung können zu Schädigungen der Sehnen führen. Ein Problem bei der Regeneration stellt die Bildung von Narbengewebe dar, welches die Elastizität und Funktionalität der Sehnen einschränkt. Dies wiederum macht das Pferd für neue Verletzungen anfälliger.

Bei Vorliegen einer Sehnenverletzung zeigen sich z.B. folgende Symptome:

- Wärme und Schwellung im akuten Zustand
- Lahmheit im akuten Fall
- Verbesserung auf hartem Boden
- Verschlechterung auf weichem Boden
- Schmerzhaftigkeit und Funktionseinschränkung
- derbe kalte Schwellung im chronischen Verlauf
- „Bogen" auf der Sehne

Fallbeispiel:

Fesselträgerverletzung (Abb.23) nach „medizinischer" Behandlung und mit dem Befund, dass die Schwellung um das Gelenk nicht mehr reduziert bzw. regeneriert werden kann. Nach 6 NeuroStim® Anwendungen zeigt die Abb.24 eine deutliche Verbesserung. Die ersten beiden Behandlungen habe ich mit Programm 2 und jede weitere mit Programm 4 durchgeführt.

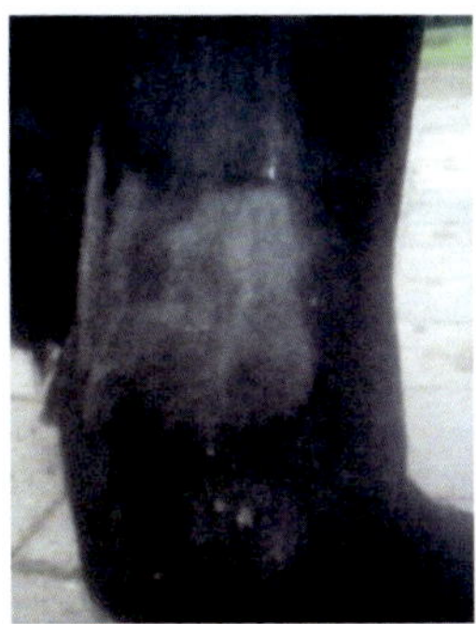

Abbildung 23 Sehnenverletzung vorher

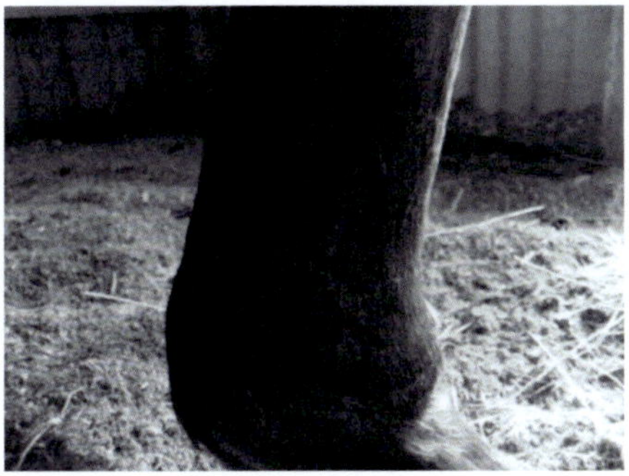

Abbildung 24 Sehnenverletzung nach 6 Anwendungen

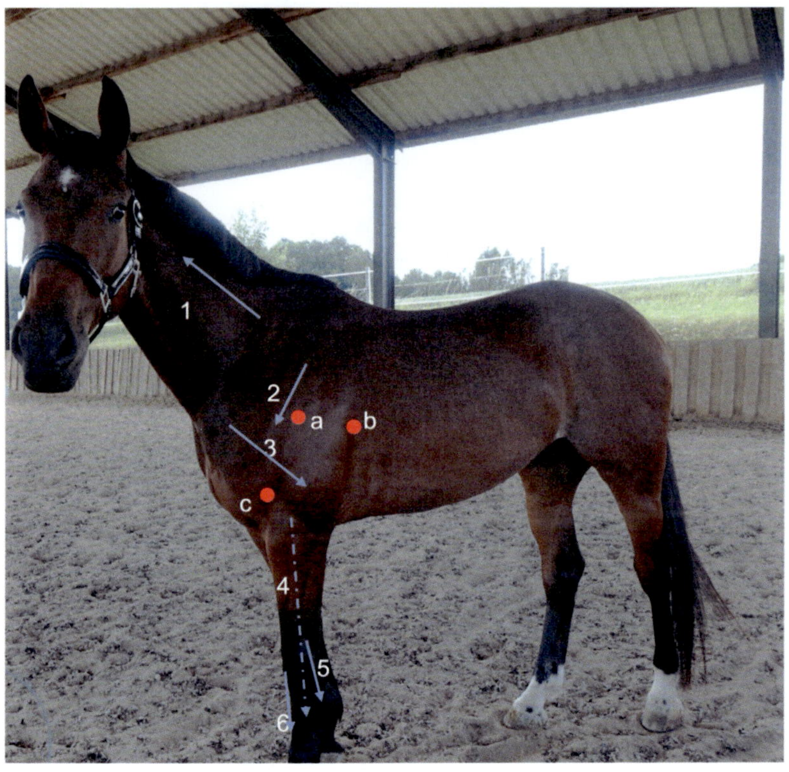

Abbildung 25 Sehnenverletzung vorne

Symptomenbezogener Behandlungsablauf bei einer Sehnenverletzung der Vordergliedmaße mit Programm 2 und Programm 4 (Abb.25)

Den Arbeitsschritt „Aktivieren" an der linken Körperseite durchführen. Anschließend das Gewebe am Hals (1), an der Schulter (2) und am Oberarm (3) lockern. Danach bis zum Huf (4) weiterarbeiten und abschließend das Gewebe der Beugesehnen (5) und an der Strecksehne (6) bearbeiten. Die Anwendung an der gegenüberliegenden Körperseite wiederholen.

Unterstützende Maßnahmen

An den Regulationspunkten (rot), an der Schulter (a), seitlich des M. triceps brachii (b) und am Oberarm (c) die Spitze des Schwingkopfes 20-30 Sekunden rotieren lassen.

Äußere Anwendungen

Bei akuten Entzündungen helfen Wickel mit frischem Ingwer oder Kompressen mit verdünnter Arnikatinktur.

In meiner Praxis verwende ich zusätzlich ein selbst hergestelltes Symphytum-Öl. Dazu ein hitzebeständiges Glasgefäß zu einem Drittel mit getrockneten Symphytumwurzelstücken und zwei Drittel mit Olivenöl füllen. Das Gemisch bei 80 Grad ca. vier Stunden im Backofen ziehen lassen und filtern. Bei akuten Geschehen das Öl kühlen und auf die Sehne auftragen und bei chronischen Problemen das Öl vor der Anwendung leicht erwärmen.

Kräuterempfehlung

Kieselsäurehaltige Pflanzen, z.B. die Brennnessel, oder der Ackerschachtelhalm stärken das Bindegewebe und sorgen für die Stabilität und die Flexibilität der Sehnen und Bänder. Wie bei allen schmerzhaften und entzündlichen Prozessen hilft die Fütterung von Weidenrinde als Grobschnitt und zusätzlich als Kaltauszug. Die Goldrute unterstützt den Stoffwechsel bei der Ausleitung.

Sommerekzem

Bei dieser Hauterkrankung handelt es sich um eine allergische Reaktion des Pferdes auf den Speichel der Kriebelmücke. Die Entstehung einer Allergie kann rasseabhängig sein, ist aber hauptsächlich stoffwechselbedingt und kann auch durch emotionalen Stress entstehen. Meistens kommt es in den darauffolgenden Jahren zur erneuten Erkrankung und zur Verschlechterung der Symptome. Aus diesem Grund sollte bereits in der kalten Jahreszeit damit begonnen werden, das Zellmilieu zu optimieren, damit die Beschwerden verhindert oder vermindert werden können.

Das Sommerekzem äußert sich durch

- heftigen Juckreiz
- ständiges Reiben von Mähne und Schweif
- „Rutschen“ auf der Bauchnaht
- Haarausfall, teilweise Verlust des oberen Teiles des Schweifes
- Faltenbildung und Verdickung der Haut
- Unruhe und auch plötzliche Schreckhaftigkeit

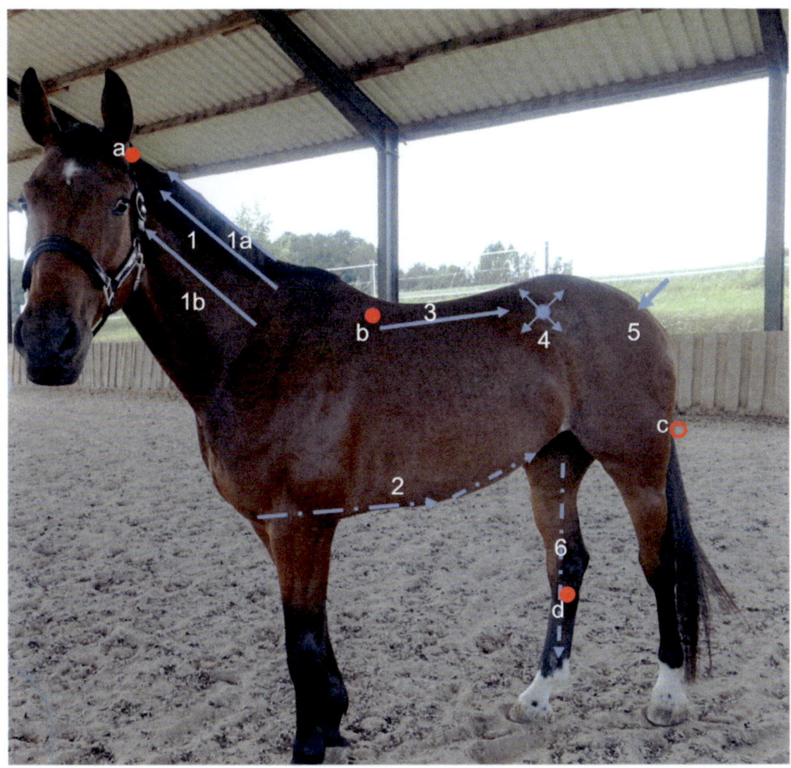

Abbildung 26 Sommerekzem

Symptombezogener Behandlungsablauf bei Sommerekzem mit Frequenz 16 Hz (Abb. 26)

Den Arbeitsschritt „Aktivieren" an der linken Körperseite durchführen. Danach die obere Halsmuskulatur (1), den Bereich unter der Mähne (1a) und die untere Halsmuskulatur (1b) lockern. An der Vorderbrust ansetzen und direkt auf der „Mittellinie" am Bauch (2) arbeiten. Das Gewebe am Rücken (3), am Hüfthöcker (4) und direkt auf der Schweifrübe (5) bearbeiten. Anschließend die Innenseite der hinteren Extremität (6) behandeln und die Anwendung an der gegenüberliegenden Körperseite wiederholen.

Bei der Behandlung des Sommerekzemes ist es nötig den Arbeitsschritt „Regulieren“ zur Unterstützung des Lymphgefäßsystems regelmäßig durchzuführen.

> Besonders die Behandlung an der Bauchmuskulatur verhalf meinen Patienten zur psychischen Entspannung, da der ständige Juckreiz die Tiere nervöser und gereizter auf äußere Eindrücke reagieren lässt.

Unterstützende Maßnahmen

An den Regulierungspunkten (rot) am Ohrengrund (a), hinter der Schulter (b), am Ende der Sitzbeinmuskulatur (c) und innen am Röhrbein (d) die Spitze des Schwingkopfes 20-30 Sekunden rotieren lassen.

Äußere Anwendungen

Hier können Waschungen mit Haferstroh helfen, denn die im Haferstroh enthaltene Kieselsäure wirkt nachweislich gegen Juckreiz und kühlend auf die gereizten Bereiche.

Kräuterempfehlung

Brennnessel wirkt blutreinigend und juckreizstillend. Mit Löwenzahn, Birke, Mariendistel und Weihrauch mischen und zusammen mit Borretschöl als Kur verfüttern.

Steigerung der Muskelkraft

Zum Aufbau einer gesunden Muskulatur spielt der Zustand der faszialen Strukturen, des Bindegewebes und auch der zellumgebenden Flüssigkeiten eine wichtige Rolle, denn Muskulatur kann nur im entspannten Zustand und im gesunden Milieu wachsen! Hier kann die NeuroStim®-Anwendung zur optimalen Unterstützung eingesetzt werden, da sie einerseits ein optimales Zellmilieu schafft und andererseits die physiologische Muskelarbeit nachahmt, was den Trainingserfolg beschleunigen kann.

Die Anwendung vor dem Training (Programm 5) kann für den Aufbau und die Steigerung der Muskelkraft sorgen und die Leistungsbereitschaft und die Ausdauer des Tieres erhöhen.

Die Anwendung nach der Trainingseinheit oder dem sportlichen Einsatz (Programm 1) beschleunigt den Abtransport von Stoffwechselendprodukten, die bei erhöhter Muskelarbeit anfallen und verhilft so zur verkürzten Regeneration der beanspruchten Muskulatur.

Abbildung 27 Steigerung der Leistungsbereitschaft

Abbildung 28 Turniererfolg

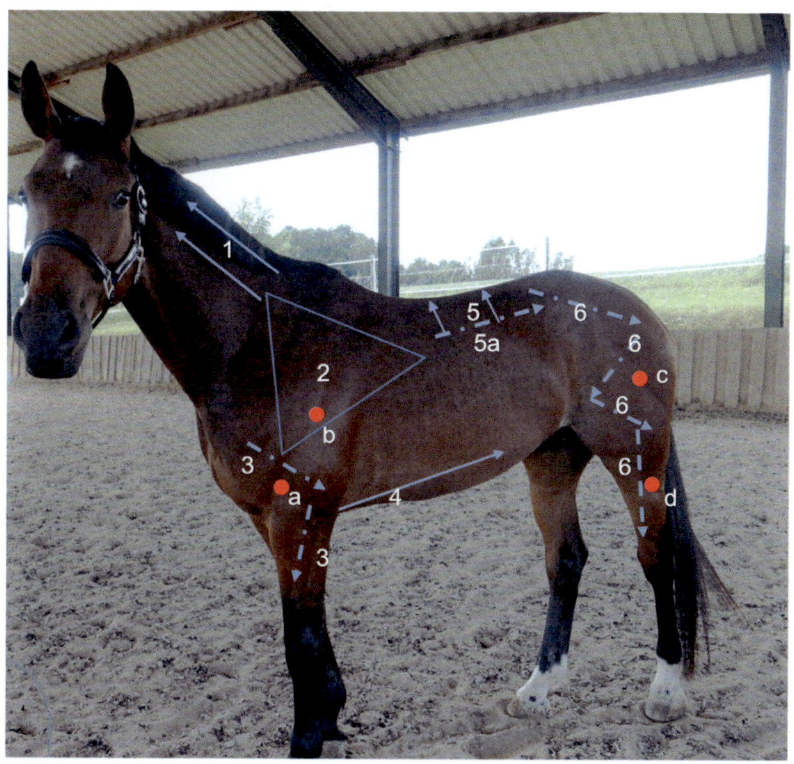

Abbildung 29 Muskelaufbau

Behandlungsablauf zum Muskelaufbau mit Programm 5 (Abb.29)

Zuerst den Arbeitsschritt „Aktivieren“ an der linken Körperseite durchführen. Das Gewebe am Hals (1) und den Bereich an der Schulter (2) großflächig bearbeiten. Anschließend am Ober-, und Unterarm (3) in Pfeilrichtung bis zum Huf arbeiten. Das Gewebe am Bauch (4), am Rücken quer zur Faser (5) und im Muskelverlauf (5a) anregend bearbeiten. Danach an der Kruppen- Ober-, und Unterschenkelmuskultur (6) in Pfeilrichtung bis zum Huf weiter behandeln. Die Anwendung an der gegenüberliegenden Körperseite wiederholen.

Unterstützende Maßnahmen

An den Regulationspunkten (rot) am Oberarm (a), an der Schulter (b), am Oberschenkel (c) und am Unterschenkel (d) die Spitze des Schwingkopfes 30 Sekunden rotieren lassen.

Äußere Anwendungen

Eine feucht warme Auflage, die nach dem Training auf die beanspruchte Muskulatur aufgelegt wird, öffnet die Poren des Gewebes und kann Verspannungen effektiv lösen.

Kräuterempfehlung

Bockshornkleesamen verbessert u.a. den Stoffwechsel, aktiviert die Abwehrkräfte, kann den gesunden Muskelaufbau unterstützen und auch zur Verbesserung der Leistungsbereitschaft beitragen.

Mariendistel und Solidago helfen Leber und Nieren bei der Ausleitung bzw. dem Abtransport von Ablagerungen im Zellgewebe, die einen gesunden Muskelaufbau behindern oder verhindern können.

Die Fütterung sollte an das jeweilige Training angepasst werden, damit eine erneute „Vermüllung“ des Zellmilieus vermieden wird!

Gesunderhaltung der Pferde im Seniorenalter

Bei der Gesunderhaltung von alten Pferden ist es besonders wichtig, dass sie das „Seniorenleben“ mit gleichaltrigen Pferden oder älteren Pferden genießen können und nicht durch „Jungspunde“ gestört werden. Rangordnungskämpfe und auch Streitigkeiten um die Futteraufnahme können erheblichen Stress ausüben und sich negativ auf die körperliche Verfassung und die Psyche des Pferdes auswirken. Präventive NeuroStim® Anwendungen, die für eine lockere Muskulatur sorgen, wirken ganzheitlich entspannend, stoßdämpfend auf die beanspruchten Gelenke des alten Tieres und wirken einem weiteren Verschleiß entgegen. Ferner dienen sie zur psychischen Ausgeglichenheit und stellen für das Tier einen erheblichen Wohlfühlfaktor dar, der auch vor Erkrankungen schützen kann. Die Behandlung an den Extremitäten wird von den Pferden als besonders angenehm empfunden und sollte deshalb immer in die Anwendung integriert werden.

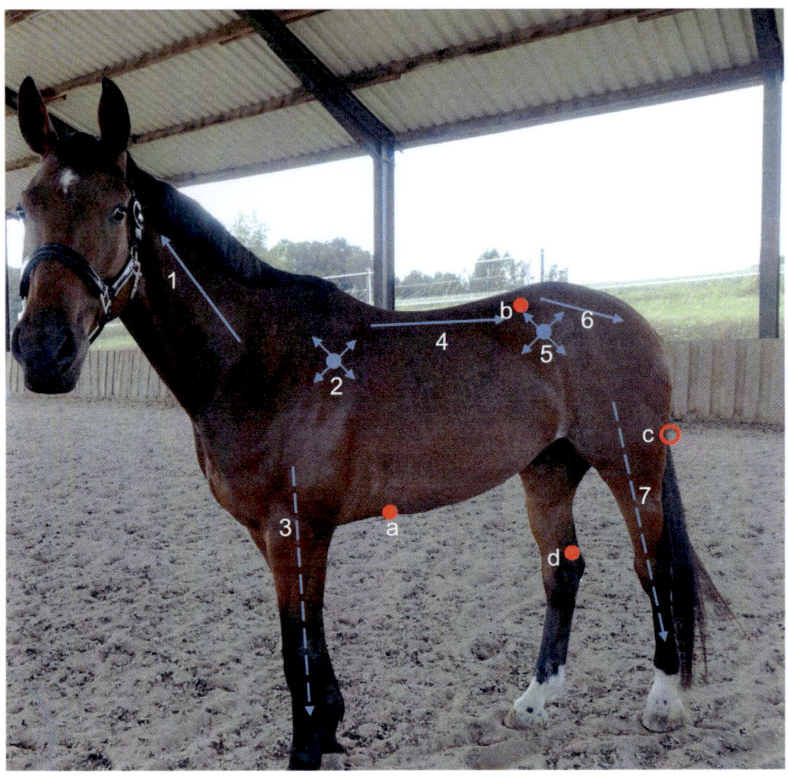

Abbildung 30 Seniorenalter

Behandlungsablauf zur Gesunderhaltung im Seniorenalter mit Frequenz 16 Hz oder Programm 4 (Abb.30)

Zuerst den Arbeitsschritt „Aktivieren“ an der linken Körperseite durchführen. Danach das Gewebe am Hals (1) und an der Region des Schulterblattes (2) großflächig bearbeiten und von der Oberarmmuskulatur bis zum Huf in Pfeilrichtung (3) weiter behandeln. Anschließend am Rücken (4), vor dem Hüfthöcker (5) und an der Kruppe (6) entspannend arbeiten und die Behandlung bis zum Huf in Pfeilrichtung (7) fortsetzen.

Auch hier werden beide Körperseiten und die Innenseiten der Gliedmaßen behandelt und vorliegende myofasziale Spannungszustände gelöst.

Unterstützende Maßnahmen

An den Regulationspunkten (rot) in der Kuhle am Brustbein (a), vor dem Hüfthöcker (b), am Ende der Sitzbeinmuskulatur (c) und innen im Winkel des Fersenbeines (d) die Spitze des Schwingkopfes 20-30 Sekunden rotieren lassen.

Äußere und innere Anwendungen

Warme Auflagen im Nierenbereich, reflektierende Wärmebandagen und auch warme Futterzusätze (wie z.B. Mash) sorgen für eine Stabilisierung des Allgemeinzustandes und stärken das Immunsystem.

Kräuterempfehlung

Anis und Fenchel als Tee zubereiten und diesen warm mit getrockneten Hagebutten, etwas Zimt und einem Esslöffel Honig über das Futter geben. Brennnessel, Löwenzahn, Ingwer, Fenchel, Mariendistel und Weißdorn können den Organismus ganzheitlich im Seniorenalter unterstützen. Weidenrinde hilft bei Schmerzen und chronischen Gelenkbeschwerden.

Unterstützung im Fellwechsel und bei der Gewichtsreduzierung

Der Fellwechsel und auch die Reduzierung des Körpergewichtes bedeuten für den Stoffwechsel des Pferdes „Schwerstarbeit“ Das Lymphgefäßsystem und auch die Entgiftungsorgane, Leber und Nieren werden hierbei besonders beansprucht. Ablagerungen aus „alten“ Entzündungsprozessen, Kontraktionsrückstände nach Verletzungen und auch Abfallprodukte einer übermäßigen Fütterung führen zur Überlastung des Lymphgefäßsystems. Dies kann den Fellwechsel des Pferdes erschweren oder verzögern und auch die Gewichtsreduzierung behindern.

Symptome für ein überlastetes Lymphsystem können z.B. sein

- Antriebslosigkeit
- Juckreiz
- Schwellungen im Fesselbereich
- Ödeme im Genitalbereich
- verzögerter Fellwechsel
- schwaches Immunsystem (z.B. wiederkehrende Infekte oder Pilze u.v.a.m.)

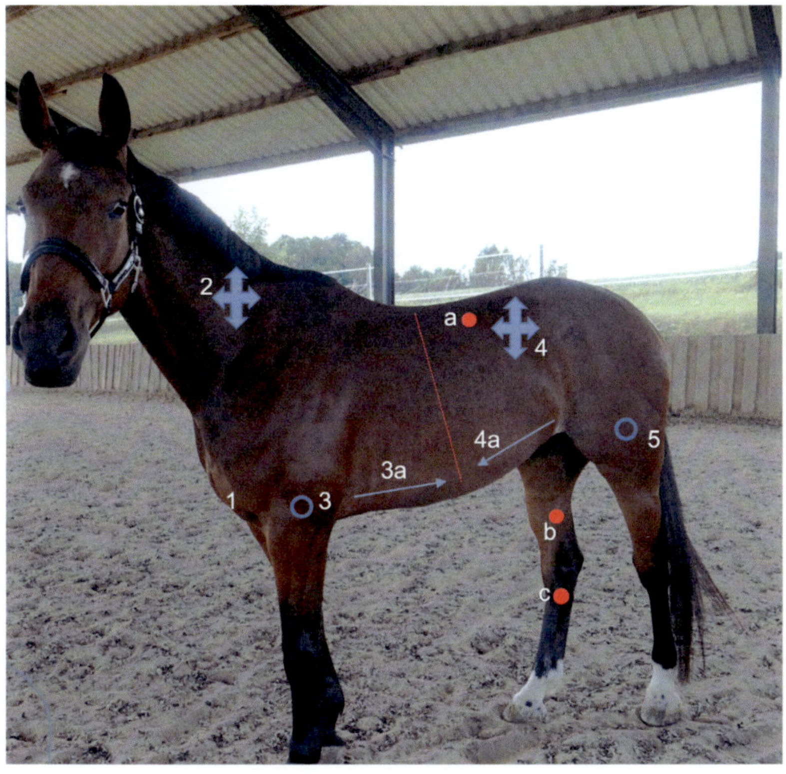

Abbildung 31 Fellwechsel und Gewichtsreduzierung

Behandlungsablauf zur Unterstützung im Fellwechsel und bei der Gewichtsreduzierung mit Programm 1 (Abb.31)

Die Arbeitsschritte „Aktivieren" (1-2) und „Regulieren" (3-5) einmal wöchentlich durchführen und die Extremitäten einbeziehen

Unterstützende Maßnahmen

An den Regulationspunkten (rot) vor der letzten Rippe (a), am Unterschenkel (b) und unterhalb des Innenknöchels (c) die Spitze des Schwingkopfes 20-30 Sekunden rotieren lassen.

Kräuterempfehlung

Brennnessel, Goldrute, Mariendistel und Löwenzahn helfen dem Stoffwechsel bei der Ausleitung, Hagebutte und Holunderblüten unterstützen das Immunsystem, Brottrunk oder Fermentgetreide sorgen für eine gesunde Darmflora.

Verhaltensprobleme

Warum es wichtig ist, die Psyche bei der Behandlung von körperlichen Beschwerden mit einzubeziehen, erklärte bereits der Erfinder der Homöopathie, Friedrich Samuel Hahnemann, im §225 seines Organons der Heilkunst.[3]

„Es gibt dagegen wie gesagt, allerdings einige wenige Gemüts-Krankheiten, welche nicht bloß aus Körper-Krankheiten dahin ausgeartet sind, sondern auf umgekehrtem Wege, bei geringer Kränklichkeit, vom Gemüte aus, Anfang und Fortgang nehmen, durch anhaltenden Kummer, Kränkung, Ärgernis, Beleidigungen und große, häufige Veranlassungen zu Furcht und Schreck. Diese Art von Gemütskrankheiten verderben dann oft mit der Zeit, auch den körperlichen Gesundheits-Zustand, in hohem Grade." Wir erkennen viel zu selten, dass gerade unsere Tiere ständigen Stressfaktoren ausgesetzt sind. Beim Pferd sind chronische Muskelverspannungen, Schmerzen, fehlende artgerechte Haltung, falsche Reitweise und Fütterung, keine ausreichenden Ruhephasen durch ständigen Lärm im Stall oder Ärger mit dem Boxennachbarn, um nur einige Beispiele zu nennen, Ursachen, die zu einer Erkrankung und auch Verhaltensproblemen führen können. Stress führt zu Zellstress und dies zur Übersäuerung des Gewebes. So muss auch die Behandlung von Verhaltensauffälligkeiten oder gar Aggression des Pferdes, auf die systemische Regulation bzw. die „Reinigung" der Zellumgebung und des Bindegewebes abzielen und die entspannende Arbeit an der Bauchdecke in die Therapie einbezogen werden.

3 Friedrich Samuel Hahnemann, Organon der Heilkunst: Das Standardwerk der Homöopathie

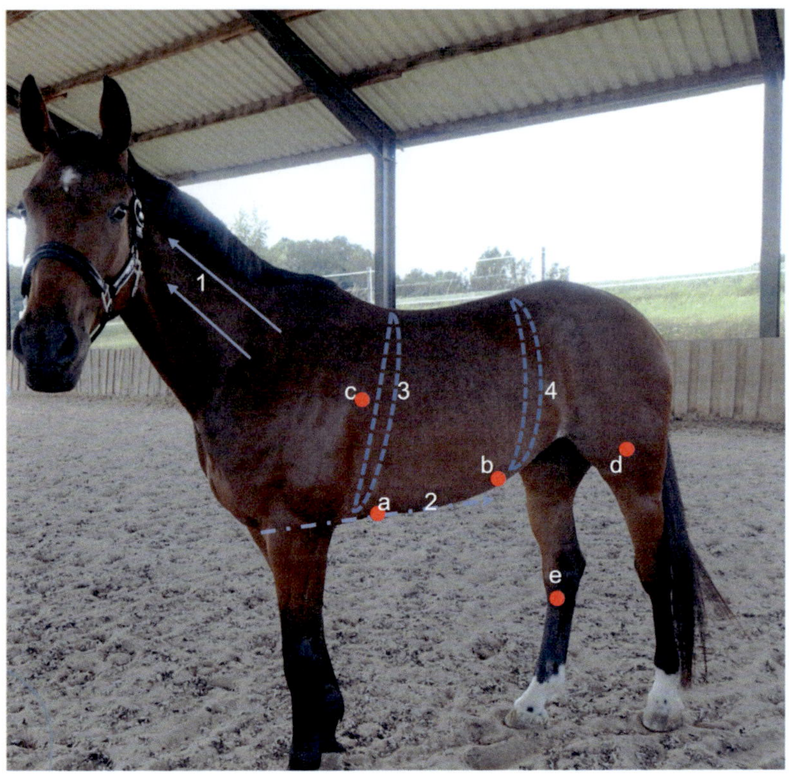

Abbildung 32 Verhaltensprobleme

Symptombezogener Behandlungsablauf bei Verhaltensproblemen mit Frequenz 16 Hz (Abb.32)

Den Arbeitsschritt „Aktivieren“ an der linken Körperseite durchführen. Das Gewebe am Hals (1) lockern und direkt auf der Mittellinie (2) bis zur Nabelregion arbeiten. Den „Brustgürtel“ (3) und den „Lendengürtel“ (4), vom Rücken zum Bauch, an beiden Körperseiten langsam bearbeiten.

Unterstützende Maßnahmen

An den Regulationspunkten (rot) am Brustbein (a), kurz vor dem Nabel (b), neben dem Mc. triceps brachii (c), seitlich des Knies (d) und innen am Röhrbein (e) die Spitze des Schwingkopfes 20-30 Sekunden rotieren lassen.

Kräuterempfehlung

Die Fütterung von Ginseng bzw. der Taigawurzel, Hopfen, Lavendel, Melisse, Kamille und der Passionsblume begünstigen die emotionale Stabilität.

Unterstützung der Wundheilung

Normalerweise läuft die Regeneration des verletzten Gewebes problemlos ab. Es kann jedoch vorkommen, dass der Heilungsprozess verzögert wird. Auslöser hierfür kann z.B. die Unterversorgung des Gewebes mit Sauerstoff durch die eingeschränkte Bewegung des Pferdes, eine schlechte Zellumgebung, ein überlastetes Lymphsystem, ein schwaches Immunsystem oder eine Stoffwechselerkrankung sein.

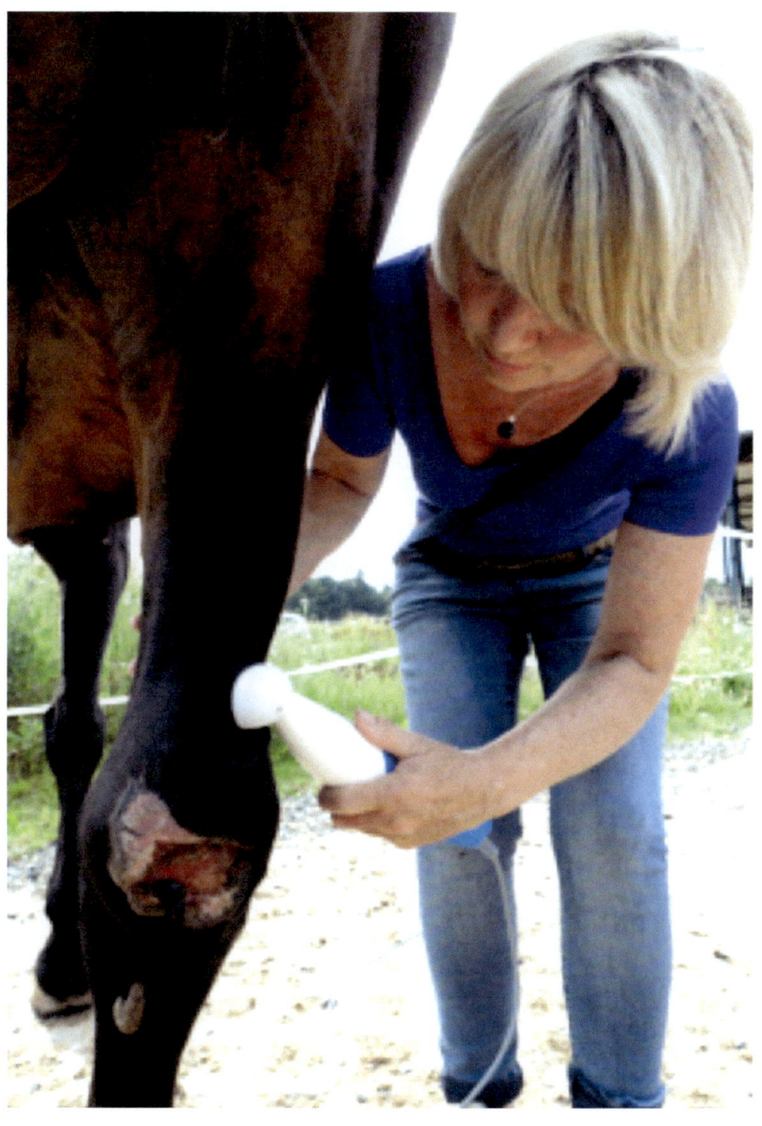

Abbildung 33 Wunde am Sprunggelenk

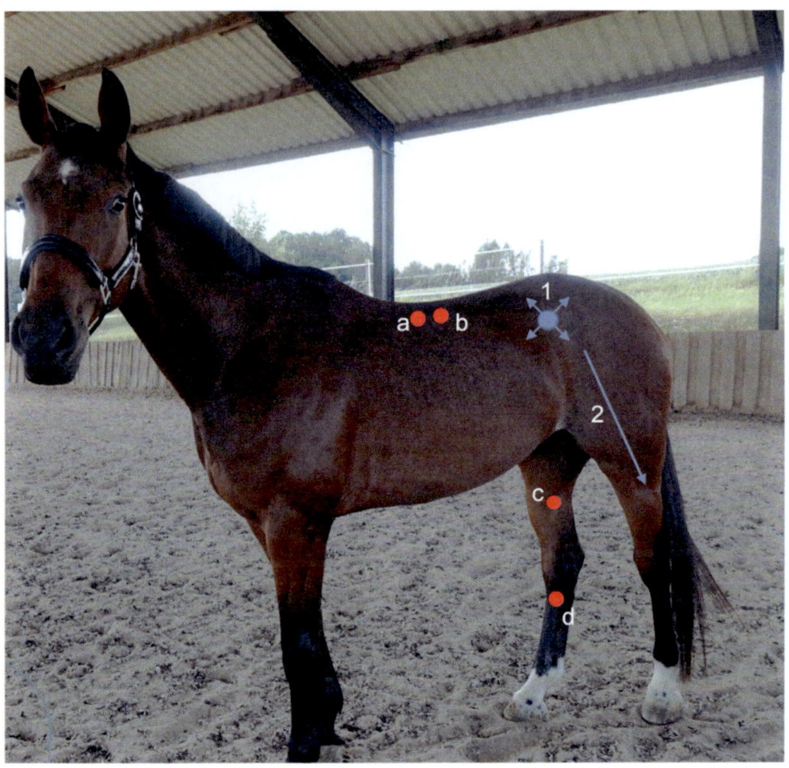

Abbildung 34 Wundbehandlung

Symptombezogener Behandlungsablauf bei einer Wunde am Sprunggelenk mit Frequenz 13 Hz (Abb.34)

Zuerst den Arbeitsschritt „Aktivieren" an der linken Körperseite durchführen. Danach den Bereich am Hüfthöcker (1) großflächig bearbeiten und vom Kruppenbereich (2) in Pfeilrichtung bis zur Wunde weiterbehandeln.. Abschließend die Wundränder sanft stimulieren.

Dies nicht bei infizierten Wunden durchführen!
Bei Wunden immer zum erkrankten Gewebe hinarbeiten, NICHT direkt auf der Wunde behandeln und auch nicht unterhalb des Wundgebietes weiterarbeiten. Dies könnte den Druck im erkrankten Gebiet erhöhen und für zusätzliche Schwellungen oder Schmerzen sorgen.

Unterstützende Maßnahmen

An den Regulationspunkten (rot) an der Rückenmuskulatur in der Nähe des 13. Brustwirbels (a) und des 15. Brustwirbels (b), am Unterschenkel (c) und innen am Röhrbein (d) die Spitze des Schwingkopfes 20-30 Sekunden rotieren lassen.

Diese Punkte können bei allen Wundheilungsprozessen helfen, die Regeneration zu verbessern.

Äußere Anwendungen

Die Wundheilung mit Honig hat sich in meiner Praxis besonders bewährt. Dieser wirkt antibakteriell, entzündungshemmend und verbessert den natürlichen Heilungsprozess. Keime können an ihrer Verbreitung gehindert, Entzündungen vermieden und die Wunde feucht und die Wundränder geschmeidig gehalten werden. Dies beschleunigt auch die Bildung von neuem Gewebe.

Ich konnte beobachten, dass sich bei frischen Wunden nach dem Auftragen meiner Mischung aus Honig und Symphytumöl ein leichtes Nachbluten einstellte und dies wie eine Wundspülung wirken kann.

Literatur

Bartz, Dr. J.: Kräuterapotheke für Pferde

Jänicke-Grünwald-Brendler: Handbuch Phytotherapie

Lassel, M.: Kräutergold

Pischinger, A.: Das System der Grundregulation, 2014 Karl F. Haug Verlag

Wilbricht Jutta, Lerntherapeutin, Medical Coaching SRM®, 2009 Gründung der Spirit of Science ACADEMY

Dietz, O., Huskamp, B.: Handbuch Pferdepraxis, 2005 Enke Verlag

Wissdorf, H., Gerhards, H., Huskamp, B., Deegen, E.: Praxisorientierte Anatomie und Propädeutik des Pferdes, 2002 M.&H. Schaper Verlag

Griebel, S.: NeuroStim® in der Pferdeheilpraxis, Gesundes Tier 2011/1 und

Die Große Welt der Tierheilkunde 2012/5

Auswirkungen von Emotionen, Mein Tierheilpraktiker 2014/01,

Mit dem Wissen wächst der Zweifel, Mein Tierheilpraktiker 2014/05,

Neuromuskuläre Stimulation, Ganzheitliche Regulation von Verletzungen,

Schmerzzuständen und Stoffwechselstörungen, CoMed 2016/5,

Let it Flow, Paracelsusmagazin 2017/1

Fitness + Wellness + Prävention + Therapie
NeuroStim®
by OVERO
OVERO
NeuroStim®
M21
App zum Gerät
www.overo.de

Regina Käsmayr, Sigrid Koch

Shaker Media
ISBN 978-3-86858-011-2
72 Seiten
Deutsch
Paperback
17 x 24 cm
14,90 EUR

Pferde im Laufstall

Planungshilfen für die artgerechte Haltung

„Die Leute sollten weniger Zeit damit verbringen, ihren Pferden etwas zuzuflüstern. Sie sollten es mal damit versuchen, den Pferden zuzuhören." America's Horse Magazine

Der Mensch zwingt das Lauftier Pferd in eine von Zäunen umgrenzte Welt. Als erste und bisher einzige Organisation hat sich die Laufstall-Arbeits-Gemeinschaft e. V. (LAG) der Förderung der artgerechten Pferdehaltung verschrieben. Deshalb fordert sie für alle Pferde: „Raus aus den Boxen!" Doch dieser Schritt muss sorgfältig geplant werden. Wie baut man den optimalen Zaun? Wie sollte der Untergrund des Auslaufs beschaffen sein? Wie integriert man neue Pferde? Und warum ecken Ponys so gerne bei Großpferden an? Dieses Buch vermittelt anschaulich Hintergrundwissen über Laufstallbau, Weidehaltung und die natürlichen Bedürfnisse der Pferde. Bei der Planung des eigenen Laufstalls dient es jedem Pferdehalter als Anleitung und Richtlinie.